1856

BULLETIN

DE LA

SOCIÉTÉ DES SCIENCES

HISTORIQUES & NATURELLES

DE LA CORSE

Voyage géologiq
Xa
en Corse

IIIᵉ ANNEE

JUILLET-AOUT 1883 — 31ᵉ-32ᵉ FASCICULES

BASTIA

IMPRIMERIE & LIBRAIRIE Vᶜ OLLAGNIER

—

1883.

SOMMAIRE

DES ARTICLES CONTENUS DANS LE PRÉSENT BULLETIN

VOYAGE

GÉOLOGIQUE & MINÉRALOGIQUE EN CORSE

1820-1821

VOYAGE

GÉOLOGIQUE & MINÉRALOGIQUE

EN CORSE

PAR M. ÉMILE GUEYMARD

INGÉNIEUR DES MINES

1820-1821

BASTIA

IMPRIMERIE ET LIBRAIRIE Vᵉ EUGÈNE OLLAGNIER

1883.

AVANT-PROPOS [1]

Il n'est peut-être pas de province en Europe qui soit moins connue que la Corse. La pauvreté de son sol et la barbarie de ses habitants, voilà les deux idées dominantes et presque exclusives qui se présentent à l'esprit de tout le monde.

Cette île, d'une vaste étendue, n'a qu'une population de 170,000 âmes. Les grains qu'elle produit ne suffisent pas à sa consommation. On n'en exporte presque rien ; il faut y importer beaucoup de choses indispensables : bref, elle coûte à la France plus de 3 millions par an. Telles sont les raisons d'où l'on fait résulter la stérilité du pays.

Les sciences, les arts, les manufactures, le commerce sont entièrement étrangers aux Corses. On les dirait dans le premier état de nature, s'ils n'étaient féroces jusqu'à s'égorger pour

(1) Nous n'avons pas eu sous les yeux le manuscrit de l'auteur. Celui qui est déposé aux Archives départementales n'est qu'une copie, et M. L. Campi en a tiré celle qui, grâce à son obligeance, a été mise à notre disposition. — Ajoutons que M. Brongniart a donné l'analyse du Mémoire de M. Gueymard dans les *Annales des Mines*, t. 9, 2ᵉ livraison.

B.

rien. Delà la conséquence que les habitants sont de vrais barbares.

Voilà comment on juge en général la Corse, et sur quelles bases, en apparence solides, s'est fondée l'opinion qu'on en a prise.

Telle était aussi la mienne à peu de chose près, lorsque le gouvernement, par l'organe de M. Becquey, conseiller d'État, Directeur général des Ponts et Chaussées et des Mines, me fit l'honneur de me désigner pour aller explorer l'île, sous les rapports géologique et minéralogique.

Oubliant mon insuffisance, ainsi que les fatigues, les privations, les peines, les dangers attachés à ce voyage, et ne consultant que le désir de me rendre utile aux sciences et aux arts, j'acceptai cette importante mission avec empressement, et je partis plein de l'ambition de répondre aux témoignages flatteurs et à la confiance qu'avaient bien voulu me donner M. le Directeur général et la plupart des membres du corps des Mines.

Arrivé dans l'île, je déposai sur le rivage les préjugés avec lesquels j'étais parti ; et, dégagé de toute espèce de prévention, je vis la Corse et ses habitants.

J'ai parcouru pendant cinq mois toutes les montagnes, les vallons, les plaines, les villes, les villages et hameaux. J'ai eu des relations avec les hommes de tous les états, sans même en excepter les contumaces, connus sous le nom de bandits, qui me servaient souvent de guides. Que de choses nouvelles et intéressantes un observateur plus habile aurait pu recueillir !

Je suis rentré sur le continent avec des notes précieuses, impatient d'en faire connaître le résultat ; je vais, sans

*différer, en tracer la substance ; mais, avant tout, je dois
annoncer, qu'abandonnant toute idée personnelle, je ne
viserai point aux charmes de la diction, et me renfermerai
rigoureusement dans le cercle déjà trop vaste des sciences, des
arts, de l'agriculture, et de quelques branches de commerce.
Pourrai-je même remplir cette tâche dans l'état de délabrement
où se trouve ma santé, soit par les fatigues inouïes du voyage,
soit par une fièvre à laquelle j'oppose depuis plusieurs mois,
sans succès, tous les secours de la médecine ? Je l'entreprendrai
du moins. Quand on a su jouer son existence tous les jours,
quand on a bivouaqué des mois entiers dans les bois et presque
sur le sommet des plus hautes montagnes de la Corse, au
milieu des bandits, sans autre garantie que celle de leur
serment, quels autres sacrifices pourraient nous arrêter, surtout
lorsqu'il s'agit d'intérêt public, du bonheur de l'île, et
lorsqu'il s'agit encore de procurer à la France des choses
importantes dont elle est tributaire de l'étranger, et de rendre
même l'étranger tributaire de nos propres substances et de notre
industrie ?*

*Avant d'entrer en matière, quelques idées sur la Corse et
sur ses habitants ne seraient peut-être pas sans quelque intérêt
pour le lecteur, et surtout sans utilité pour l'ouvrage.*

*La Corse, disent ses détracteurs, est tellement stérile, qu'elle
ne peut pas même nourrir sa population, qui cependant est
bien loin d'être en rapport avec l'étendue de son territoire.*

*Rien n'est peut-être plus faux que ce raisonnement. Une
terre n'est point ingrate par cela seul qu'elle ne produit pas une
abondante récolte. Nous ne sommes plus à cet âge d'or fabuleux
où, sans la main de l'homme, la terre se couvrait de richesses.*

Alors la nature seule exerçait son influence et ses bienfaits. Aujourd'hui, sans le secours de l'homme, la nature reste impuissante.

La nature et l'homme, voilà donc les deux causes réunies et inséparables des produits de la terre ; voilà sous quel double et indivisible point de vue il faut la considérer pour juger de ses richesses, car le·globe terrestre, dans son premier état, n'offrait à nos besoins ni prés, ni terres, ni vignes, ni vergers ; mais des marais fangeux, des friches stériles, des forêts ténébreuses.

Telles sont les dispositions avec lesquelles j'ai parcouru et étudié l'île de Corse.

Tout le monde connaît sa position dans la Méditerranée, au nord de la Sardaigne. La température y est plus belle qu'en Provence, et la terre naturellement fertile et propre à presque tous les produits. On y recueille de bon vin, des olives, des oranges, etc., etc. On y a même fait, et avec succès, des essais sur le tabac, l'indigo, la canne à sucre, le coton, etc., etc.

Un vingt-septième seulement de l'île est cultivé. Vingt et un vingt-septièmes sont occupés par les makis (1), et les cinq vingt-septièmes restants consistent en bois de haute futaie ou rocs pelés. Telle est à peu près au juste la division du territoire de la Corse.

Quant à sa portion cultivée, il faut en quelque sorte s'étonner

----

(1) On appelle ainsi des bois de myrthe, d'arbousier, de bruyères, de ciste de Montpellier, etc., qui couvrent en grande partie l'île de Corse. Ces bois sont de 6 à 12 pieds de haut.

de lui voir donner quelques produits ; car elle laisse presque partout à désirer sous le rapport de l'agriculture. Faute d'écuries et de fumier, la terre est obligée de produire sans engrais. Si du moins l'homme cherchait par d'autres soins à remédier au défaut de celui-là ; mais il verra passer près de son sol, brûlé par l'ardeur du soleil, des eaux fertilisantes, et il ne songera pas même à l'en arroser. J'indiquerai les moyens certains et faciles d'augmenter considérablement les produits jusqu'à ce jour obtenus.

Mais les makis sont peut-être plus dignes encore de fixer l'œil de l'observateur. Ils envahissent, je l'ai déjà dit, les 3/4 du beau territoire, et jusqu'à présent ils n'ont servi qu'à offrir un refuge impénétrable aux contumaces.

En attendant que la population actuelle passe de son inertie à une industrieuse activité, que le commerce vienne vivifier l'île, et y multiplier ses richesses et par suite sa population ; en attendant enfin qu'on puisse faire disparaître tous les makis en leur substituant l'olivier, la vigne, le mûrier et les plantes céréales, je proposerai d'exploiter ces makis pour en faire des potasses.

J'ai fait sur ce point des calculs qui sont à la portée de tout le monde, et desquels il résulte qu'on pourrait très aisément, sans perte de temps et sans frais, obtenir au moins 30,000 quintaux de potasse par an, qui produiraient 1,500,000 francs en numéraire. Nous cesserions alors d'être tributaires, pour ces produits, de la Toscane et de l'Amérique. On pénétrerait facilement dans l'asile des bandits, et ils ne pourraient plus s'y soutenir ; chose d'une importance si souveraine, qu'on a mis plusieurs fois en délibération si, pour obtenir ces résultats, il ne conviendrait pas d'incendier tous les makis. Ajoutons à cela que des communications s'établiraient partout, que les routes deviendraient plus sûres, et les autres établissements que j'ai à proposer plus faciles et plus avantageux.

Si, de la superficie de la terre, l'œil cherche à pénétrer dans l'intérieur, que de richesses ne parvient-il pas à y découvrir ! Il n'existe pas de pays plus riche en belles roches polissables que la Corse. Le monde entier devrait être tributaire des magnifiques carrières que je ferai connaître, et c'est nous, Français, qui allons porter dans les pays lointains notre numéraire en échange contre des marbres.

On verra combien il serait facile à la Corse de trouver dans cette branche d'industrie un produit de plusieurs millions par an ; mais ce n'est point ici le moment d'exposer le tableau des richesses minéralogiques qui doivent occuper un long paragraphe dans ma relation.

On est déjà, j'ose le croire, disposé à quelque intérêt en faveur de la Corse, et c'est l'unique but que je me suis proposé.

Pour juger un peuple, il ne suffit pas d'examiner ce qu'il est actuellement, il faut encore apprécier les causes et les influences qui se sont exercées sur lui.

Il n'existe pas au monde de pays que le sort ait plus durement traité que la Corse.

Peuplée d'abord, à ce qu'il paraît, par les Italiens, Liguriens ou Etrusques, elle fut conquise par les Carthaginois, qui s'y conduisirent en tyrans.

En tombant entre les mains des Romains, elle ne fit que changer d'oppresseurs.

Les Vandales, les Goths, les Lombards, les Sarrasins y exercèrent tant de ravages, qu'ils firent regretter les anciens maîtres.

Les Français y entrèrent sous Charles-Martel. Le désordre et l'anarchie les y suivirent. Les Papes furent priés de rétablir la paix dans l'île, et pour y parvenir, ils s'en déclarèrent souverains. Urbain II la vendit aux Pisans ; Gênes disputa ce marché. Innocent II partagea l'île entre les deux Républiques rivales ; mais les Pisans, ne pouvant s'accorder avec les Génois, rétrocédèrent leur part au Pape Urbain IV. Boniface VIII prétendit que la partie cédée entraînait le tout, et fit présent de l'île entière au roi d'Aragon.

Les Corses tinrent une assemblée en 1359, où ils arrêtèrent de s'allier aux Génois pour chasser les Pisans et les Aragonais qui les désolaient, entreprise funeste dont ils ont eu cruellement à souffrir pendant plus de 400 ans.

Il serait trop long de raconter toutes les horribles cruautés dont les Génois se souillèrent envers les Corses ; pour en avoir une juste idée, il suffit de reconnaître la conduite qu'ils tinrent au 16e siècle.

Après s'être emparés des principaux postes et être devenus maîtres souverains, ils voulurent vaincre par le fer et la flamme la résistance que leurs sujets apportaient encore à leurs atroces vexations. En conséquence, ils brûlèrent dix-huit pièves ou paroisses, détruisirent plus de cent villages et versèrent le sang en abondance. On aurait dit que les Gouverneurs génois se disputaient à qui se surpasserait en barbarie. L'un d'eux convoqua un conseil des principaux de l'île et leur donna un grand festin ; il les pressa de boire largement, et, à la fin du repas, il fit entrer des soldats qui les égorgèrent jusqu'au dernier. Là périrent les chefs des familles les plus illustres. Plus de 4,000 désertèrent, et les Génois donnèrent leurs héritages aux plus pauvres de leurs compatriotes qui voulurent aller s'établir dans l'île.

On n'a pas besoin de dire que tant d'horreurs enflammèrent les cœurs de ressentiment et de rage, et que la guerre devint sanglante entre les Corses et les Génois. Mais toujours les premiers attaquèrent de front et combattirent avec honneur leurs ennemis, tandis que ceux-ci ne les tuaient qu'en les assassinant.

Qu'on juge du sentiment patriotique des Corses par la conduite, quoique atroce, d'un de leurs chefs. Son épouse fut accusée de s'être rendue accessible à des propositions des Génois qui pouvaient compromettre la Corse ; malgré tout son amour pour elle, il la déclare coupable, la condamne à mort, et, sur la demande qu'elle lui en fait, il l'exécute lui-même. Brutus avait moins fait !

Mais l'âme se soulage de l'horreur de ce crime fanatique, quand on voit un officier offrir son cheval à un général près de tomber entre les mains des ennemis, en lui disant : « Prends ce cheval, fuis, sauve la Corse, ta vie lui est plus » nécessaire que la mienne. Si je tombe entre les mains des » Génois, je ne redoute pas le sort qu'ils me préparent. Tu » sauras venger ma mort en délivrant ma patrie. Dès qu'elle » sera libre, élève un monument où on lira ces mots : Corrego » est mort pour Ornano, qui lui doit l'honneur d'avoir sauvé » la Corse. »

Ce malheureux peuple de l'île fit de fréquentes tentatives

pour se délivrer de l'esclavage de ses ennemis. Quand Louis XIV bombarda Gênes, il s'offrit à lui, mais le roi de France ne l'accepta pas. Faute de trouver un maître qui voulût le recevoir, il se vit condamné à rester sous la domination barbare des Génois, toujours opprimé, mais jamais vaincu.

Le terme de ses maux semblait cependant arriver. Les Génois paraissaient ne pouvoir plus se soutenir dans l'Ile, quand il fallut encore que des troupes allemandes arrivassent à leur secours ; mais les opprimés ne se laissèrent point abattre par ces nouveaux ennemis, et, dans une assemblée ils arrêtèrent que le premier des leurs qui parlerait d'accepter l'amnistie qui leur était proposée, serait puni de mort. Plus tard, les Français essayèrent de réconcilier les Corses avec les Génois ; les insulaires s'en rapportèrent au roi de France. Mais quand il fallut signer le traité qui les remettait sous le joug de leurs anciens maîtres, ils accompagnèrent leur consentement de ces mots : Contre notre propre volonté, et comme on va à la mort. Ce traité fut encore mal observé par les Génois, comme ils avaient fait de tous les autres ; mais en 1769, l'ile passa sous la domination française, comme faisant partie du royaume.

Tous ces antécédents sont autant de traits de lumière pour faire connaître le caractère du Corse ; ils expliquent le retard de sa civilisation, la source de ses querelles et de ses haines, son esprit de vengeance, sa susceptibilité furieuse, son inquiète méfiance, sa crainte de ne pas voir se rendre justice, et l'idée de la nécessité de se faire justice lui-même ; et par suite, ces meurtres plus encore fanatiques que criminels, par lesquels il croit pouvoir et même devoir venger d'autres meurtres.

Qu'on améliore l'agriculture dans l'île, qu'on exploite ces immenses makis, qu'on voie sortir du sein de la terre les richesses connues qu'elle renferme ; que des établissements et des manufactures s'élèvent ; que le commerce, qui est le lien et la vie des Etats policés, s'introduise enfin dans l'île, et je garantis dans les hommes et les choses de rapides et immenses progrès.

C'est à M. le Directeur général des Mines, dont rien n'égale les lumières et le zèle, et dont les égards et les bontés ont si puissamment contribué à l'accomplissement de mon voyage, qu'il appartient principalement d'opérer cette grande œuvre.

C'est à M. le Préfet de l'île, envers qui j'ai contracté tant de reconnaissance, d'y contribuer d'une manière puissante par son administration aussi douce qu'éclairée, et par le vif intérêt qu'il porte à ses administrés.

Puissent mes vœux et mes espérances bientôt se réaliser ; puisse la Corse, à l'exemple de Tyr, Milet, Gênes, Venise, des villes hanséantiques, etc., devenir par son industrie, son commerce et sa marine, florissante et heureuse !

VOYAGE

GÉOLOGIQUE ET MINÉRALOGIQUE

EN CORSE

1820-1821

VOYAGE GÉOLOGIQUE & MINÉRALOGIQUE
EN CORSE
1820-1821

I.

GÉOLOGIE

MINES ET ROCHES, LEUR EXPLOITATION

CONSIDÉRATIONS GÉNÉRALES. — La Corse ne forme, pour ainsi dire, qu'une chaîne de montagnes qui se dirige du Nord au Sud. Toute la partie de l'Ouest, plus particulièrement exposée aux vents régnants, est presque toujours escarpée sur ses côtes à cause des vagues qui viennent s'y briser, tandis qu'à l'Orient on y trouve quelques plaines qui augmentent d'une manière sensible par les *délaissés* de la mer.

Cette chaîne est assez régulière, et son faîte s'étend d'une extrémité à l'autre. Elle ne forme que de légères inflexions, excepté dans le point central, au pays de Niolo, où elle fait une espèce de crochet.

L'île de Corse est sillonnée par un grand nombre de petites vallées, perpendiculaires à la ligne de séparation des eaux ; ces vallées facilitent singulièrement l'étude géologique des terrains. Les rochers sont ordinairement bien découverts dans ces gorges, et on peut commodément prendre toutes les directions et inclinaisons des couches.

Hors de ces gorges et de leurs ramifications, l'étude des

2

terrains présente plus de difficultés. Les montagnes sont en général couvertes de bois, ou bien des rochers sont souvent entassés confusément les uns sur les autres, et il faut alors juger par analogie.

Les difficultés des communications, souvent insurmontables, ne m'ont jamais permis de suivre un plan très-régulier dans mes courses; leur tracé sur la carte n'offre rien de symétrique; mais comme elles ont été multipliées sur toutes sortes de directions, j'ose croire que la partie géologique laissera peu à désirer dans l'ensemble.

ENVIRONS DE BASTIA. — 25-26 avril. — La ville de Bastia est bâtie sur du gneiss talqueux, assez mal caractérisé ; sa couleur est le gris verdâtre, le vert tendre et le vert céladon ; il passe souvent au schiste talqueux. Les couches se dirigent sur 5^h de la boussole ; l'inclinaison varie depuis 25° jusqu'à 60° en montant vers le Nord.

Les cailloux roulés du bord de la mer présentent des gneiss et des schistes talqueux, des serpentines, des pierres ollaires, et du calcaire saccharoïde grisâtre.

En se dirigeant vers Ste-Lucie, au Nord-Ouest de Bastia, on trouve : 1° Le schiste talqueux dans la direction de $2^h 3/4$, incliné de 45° vers l'ouest ; ce schiste se charge de talc, il s'approche de la pierre ollaire tendre ; puis il prend plus de consistance, et passe successivement à la véritable pierre ollaire, et à la serpentine schisteuse dure ; ces roches, en partie décomposées à la surface, ne laissent voir ni direction ni inclinaison dans les couches ; — 2°, le schiste talqueux bien caractérisé en couches horizontales.

C'est dans ce schiste talqueux, au-dessous de l'Eglise de Ste-Lucie, qu'on voit des carrières exploitées à ciel ouvert ; elles appartiennent à sept ou huit particuliers de Bastia ou des environs.

Lorsque les feuillets de schiste talqueux sont minces, on les emploie comme ardoises grossières ; ils servent de lauses quand ils sont plus épais. Ce schiste est d'un gris verdâtre tendre. Les feuillets ne sont point ondulés ; ils sont parfaitement placés ; leur direction est de 1 h 1/2 et leur inclinaison de 10° à 12° vers l'ouest. Ils renferment souvent dans leurs joints de petits cristaux de feldspath blanchâtre.

Ces carrières sont favorablement situées sur la montagne en raison des déblais qui sont nécessairement très considérables. Elles ne sont point sans intérêt dans le pays, et leur exploitation est aussi régulière qu'on peut le désirer.

La course au fort Lacroix a pour objet de faire les recherches d'une mine de fer, indiquée dans l'instruction du gouvernement. A ce fort, la montagne est composée de gneiss talqueux assez bien caractérisé. Les couches sont presque verticales et dirigées sur 6h 1/2. Lorsqu'on descend vers la mer, le gneiss passe au schiste talqueux un peu quartzeux, puis il devient très talqueux. Les couches de la montagne, traversées dans toutes sortes de directions, ne laissent voir aucun indice de minerai de fer. On ne rencontre que des blocs épars et anguleux de calcaire.

Sur les bords de la mer, près de la fontaine de Ficaiola, on voit dans un schiste talqueux, incliné vers l'Est, de petites veinules de fer oxydé et hydraté, très-pauvre et très-mélangé de quartz. Ces indices sont insignifiants et ne méritent aucune recherche.

En remontant vers le fort Lacroix, au-dessus de l'Eglise de St-Joseph, on trouve une carrière de calcaire exploitée à ciel ouvert. Cette roche est parfaitement stratifiée, d'un gris bleu bien décidé. Sa structure est schisteuse rubanée. Ses feuillets sont dus à du talc interposé ; leur direction est sur 3h 1/2 et leur inclination est de 25° vers l'Ouest. Le calcaire recouvre le schiste talqueux un peu quartzeux, et il est recouvert lui-même par le même schiste, mais très tal-queux. Cette carrière est exploitée comme pierre à bâtir, et les morceaux de forme régulière sont employés pour le carrelage.

Revenant encore une fois vers la mer, au-dessous de la ville de Bastia, on trouve une veine de fer oxydé gisant dans le schiste talqueux en décomposition. Elle a près de six pouces de puissance, et paraît sur une longueur de 40 à 50 mètres. Ce minerai est très-pauvre, et nous ne pensons pas que cette veine puisse être exploitée avec avantage, ou qu'il puisse en exister d'autres dans les environs de Bastia. On a pu remarquer que dans un petit espace, les couches d'un même terrain sont quelquefois dirigées à angle droit, et qu'elles ont des inclinaisons en sens inverse. Toutes les fois que ces anomalies se présentent, les causes doivent être attribuées à des circonstances particulières, telle que la forme actuelle de la superficie du sol. On verra plus tard l'harmonie constante qui règne dans l'ensemble des directions et inclinaisons.

DE BASTIA A OLMETA. — 27 avril. — En quittant Bastia, on prend la route de Ste-Lucie, près du petit village de Guaitella ; le schiste devient plus quartzeux. La direction des couches est sur 3h. Le même terrain se continue jusqu'à la glacière de Bastia, et au petit ruisseau qui descend vers la marine de Grigione. Ici les couches sont presque horizonta-les, inclinant légèrement vers l'Est. Le lit de ce petit torrent, creusé au milieu des bois de bruyères, renferme beaucoup de cailloux de serpentine et de pierre ollaire.

Au col du mont St-Léonard, même nature de terrain ; la direction des couches est de 5h 1/4, et l'inclinaison est de 25o vers le faîte de la chaîne. De ce col, on prend le sentier à droite, qui conduit à la chapelle de San Giacinto, près du sommet du mont de ce nom. Le schiste devient plus talqueux, et passe à la pierre ollaire et quelquefois à la serpentine. De la chapelle on descend, par une petite pente assez raide, vers la commune d'Olmeta (1), sur le schiste talqueux, passant au talc en masse, à la serpentine et à la pierre ollaire. Ce terrain n'a point paru stratifié régulièrement ; une seule localité a paru favorable pour prendre la direction des couches, qu'on a trouvé être de 3ʰ 1/2, et l'inclinaison de 45° vers l'Ouest.

Le pays d'Olmeta ne renferme point de couches de calcaire, et tire la chaux nécessaire à ses constructions de Farinole. On couvre les toits des habitations avec les feuillets de schiste talqueux. Deux carrières existent près des villages de cette commune. La plus éloignée est celle qui fournit l'ardoise la plus légère et par conséquent plus estimée. Cette couverture est générale dans tous les pays schisteux de l'île. La Corse ne renfermant aucun gisement de phyllade, est toujours tributaire de Gênes pour la véritable ardoise.

Courses aux Environs d'Olmeta. — 28 avril. — On voit près d'Olmeta une roche talqueuse d'un gris bleuâtre foncé, contenant de petits grenats de couleur jaune brunâtre ; on y trouve aussi de l'amianthe ; mais elle n'est ni blanche ni à longues fibres.

On remonte le torrent de Negro vers sa source. On rencontre successivement sur sa rive droite des schistes talqueux, de la pierre ollaire, et des serpentines schisteuses ; leur direction est sur 4ʰ 3/4 et leur inclinaison varie entre 45° et 60° vers le Nord-Ouest.

Dans tous les terrains de pierre ollaire et de serpentine, le

---

(1) Il s'agit ici d'Olmeta du Cap-Corse ; il ne faut pas confondre cette commune avec une autre de même nom, située au centre du Nebbio.

soleil et les intempéries des saisons développent dans ces roches de jolies couleurs à la surface, tandis que dans l'intérieur des masses, ces couleurs ont un aspect sombre. Cette observation est générale, non-seulement en Corse, mais encore dans tous les pays des Alpes, du Piémont et de l'Italie que j'ai eu occasion de visiter. J'ai constamment observé aussi que la diallage que renferme souvent la serpentine est métalloïde ou très brillante à la surface, tandis qu'elle est à peine visible à un pouce de la superficie.

A l'ouest du Mont Ste-Marie, nous avons été voir une mine que l'on disait être de cuivre ou d'argent, mais nous n'avons trouvé qu'une veine de quartz dans le schiste talqueux qui contenait de petits cristaux de fer sulfuré.

D'OLMETA A FARINOLE. — De retour à Olmeta, on continua sur la rive droite du même ruisseau, en laissant à gauche les monts Pinzuto et Torno, composés de schistes talqueux, de pierre ollaire et de serpentine.

Entre Olmeta et la maison de Negro, existent les ruines d'une ancienne forge, qui remonte à une époque assez reculée. A la tour de Negro, le schiste devient très talqueux, il passe au talc en masse et à la pierre ollaire. La stratification n'est point distincte, ce qui arrive toujours dans les terrains où abonde le talc. De cette tour on remonte pendant quelques instants sur la rive gauche, puis on prend à droite à travers les flancs de Monte Torno. Le sentier est tracé dans la forêt ou dans de forts makis. La direction des couches est sur 2^h et l'inclinaison de 45° vers le Sud-Est.

Nous arrivons, après beaucoup de recherches, à une mine de fer qu'on exploitait il y a près de 100 ans ; on avait fait une galerie de 12 mètres environ de profondeur dans la couche du minerai, en descendant vers le centre de la montagne. Cette couche presque horizontale est dirigée sur 1^h 1/2 de la boussole, montant légèrement vers l'Ouest ; sa puissance est d'un mètre, mais le minerai n'est pas toujours pur ; il est souvent mélangé de la roche des *Salbandes*. Sa nature est fer oxydulé très riche et très altérable. Placé dans la partie de la montagne comprise entre les tours de Negro et de Farinole, à une heure seulement de la mer, l'exploitation serait très facile et le transport peu dispendieux. Quoique cette couche s'enfonce dans la montagne, je ne pense pas qu'il fallût un jour continuer l'exploitation par une galerie d'écoulement, puisque les eaux ont filtré jusqu'ici naturellement par les joints des couches. Il conviendrait seulement de prévenir l'introduction des eaux pluviales à l'entrée de la galerie. Comme il reste à peine un vague souvenir de l'existence de cette mine, je vais consigner ici les directions prises avec la boussole, avec lesquelles on pourra la retrouver dans tous les temps.

Dirigée sur la tour de Farinole, le Nord en avant, la boussole marquait 1ʰ 5/8. Dirigée sur le village d'Oletta, au-dessus de St-Florent, l'aiguille indiquait 11ʰ 7/8.

On descend, après ce premier examen, dans les makis, sur la direction de St-Florent ; à 20 minutes environ de la première mine, on trouve une espèce de cavité ressemblant à un puits comblé. Les déblais sont de schiste talqueux, passant à la pierre ollaire et à la serpentine ; ils renferment du beau minerai de fer oxydulé semblable au précédent. Il pourrait se faire néanmoins que cette ouverture ne fût que l'entrée d'une galerie affaissée, dirigée à pente inverse sur la couche ; il en coûterait peu pour déblayer, et cette opération serait d'autant plus intéressante que cette mine est plus rapprochée de la mer que la première. Elle gît dans une roche qui paraît un peu bouleversée, ou plutôt elle est si talqueuse qu'on ne peut apercevoir ni direction ni inclinaison.

En traversant ensuite parallèlement à la mer, et après 18

minutes environ, on aperçoit une troisième mine gisant presque au niveau de celle de Farinole. La galerie n'a que 10 à 12 mètres de longueur, et son ouverture est ornée par un jeune figuier. Sa direction est sur 12ʰ et la puissance de la couche vraie de 1 à 2 pieds. C'est toujours le fer oxydulé très-riche et très-attirable à l'aimant. On juge cette mine très-abondante, car en approchant la boussole de l'entrée, l'aiguille se dirige de l'Est à l'Ouest, c'est-à-dire qu'elle prend une position perpendiculaire à sa vraie direction.

Pressés par les approches d'une sombre nuit, nous gagnions en toute hâte la marine de Farinole, lorsque nous aperçumes au Nord de la troisième mine et au même niveau, un gros tas de déblais, et un vaste emplacement. C'était un commencement de galerie dirigée sur l'affleurement d'une couche de fer oxydulé. On reconnaît bien que la troisième et quatrième mine appartiennent à la même couche, quoique les ouvertures fussent à près de 80 mètres l'une de l'autre. On rencontre sur cette montagne d'autres indices, et tout confirme que l'on peut espérer de trouver de nouvelles couches. Les recherches peuvent même être faites assez souvent avec l'aiguille aimantée, puisqu'elle acquiert un mouvement assez sensible, quand on s'approche d'une couche.

Toutes ces mines gisent dans le terrain communal d'Olmeta.

Nous descendons enfin à la tour de Farinole, pour aller chercher un asile au village de Sparacaggio.

COURSE A LA MINE DE FARINOLE. — 29 avril. — De ce village, situé sur la commune de Farinole, à la mine de ce nom, il existe un chemin assez praticable. On marche constamment sur le schiste talqueux, passant tantôt à la pierre ollaire, et d'autres fois à la serpentine schisteuse.

Ce terrain n'est point réglé ; on trouve pour direction 6, 7, 8 et 9ʰ et pour inclinaison de 25 à 65. On arrive à l'ouverture de la mine dans une heure de marche ; elle existe sur le penchant du ravin qui sépare les communes de Farinole et d'Olmeta au milieu des makis, à une heure de la mer, et dans une magnifique position. On ne peut prendre la direction de cette couche métallique qu'avec peine, tant son action sur l'aiguille est forte. On a trouvé pour résultat 9ʰ et de 20° à 30° d'inclinaison vers le Sud-Ouest.

La matière du minerai est la même que celle des mines d'Olmeta. La galerie d'exploitation à pente inverse est maintenant remplie d'eaux de pluie ou de neige. Elle est abandonnée depuis 25 ans environ ; mais dans l'intervalle un Génois a fait épuiser les eaux à bras d'homme pour connaître la puissance et l'étendue de la mine. A l'affleurement la mine n'a que de 6 à 12 pouces d'épaisseur ; mais dans le fond on estime qu'elle a au moins 5 pieds. La grande excavation et le peu de déblais confirment ces témoignages.

Le fond des travaux n'est qu'à quelques mètres du jour ou de l'entrée ; et une fois épuisée, il faudrait faire une rigole pour ramasser les eaux de pluie et de neige ; par ce moyen la mine serait toujours à sec.

Comme la pente de la montagne n'est pas considérable, une galerie d'écoulement coûterait des sommes immenses, attendu en outre que la roche est très-dure ; il vaudrait donc mieux prendre toutes les précautions pour empêcher l'introduction des eaux par les ouvertures extérieures.

De la mine de Farinole on a un beau point de vue géologique. Le calcaire commence à la tour de ce nom, et se prolonge un peu au-delà de St-Florent. Ses couches montent vers les montagnes primitives, ayant en apparence la même inclinaison que ces dernières.

On redescend sur Sparacaggio, et on prend la route de St-Florent, en passant par les vallées de Patrimonio. Jusqu'au couvent de Farinole, le terrain est toujours de schiste talqueux ou pierre ollaire ; immédiatement après, à une portée de fusil, à droite, on trouve le calcaire blanchâtre coquillier et semblable à celui de la tour de Farinole.

Le vallon de Patrimonio sépare le terrain primitif du secondaire. Ce dernier est toujours à droite, et s'enfonce sous la mer. Le calcaire qui forme la base du chaînon secondaire est moins grossier que le précédent ; il est d'un gris bleuâtre compacte. Nous n'avons point vu de coquilles.

Au milieu du petit vallon de Patrimonïo, il reste quelques petits monticules de calcaire qui ne tiennent ni à la chaîne primitive ni à la secondaire ; ils doivent former la base de celle-ci et reposer immédiatement sur les premiers schistes talqueux de la première. Ce calcaire est blanchâtre saccharoïde.

On traverse le ruisseau qui descend des montagnes de Patrimonio, dans lequel on trouve un grand nombre de cailloux roulés de jade et de diallage, qui viennent des sources de ce torrent. On arrive ensuite à la route de Bastia à St-Florent, qui traverse la chaîne calcaire dans une espèce de gorge très-étroite ; ce calcaire ne forme pas des couches puissantes. Leur épaisseur varie depuis 2 ou 3 pouces jusqu'à 1, 2 et 3 pieds. Elles sont dirigées sur 1h de la boussole, inclinées de 25° vers l'Est.

Ces montagnes sont toutes sillonnées par des cavités ou espèces de grottes, tapissées quelquefois par des stalactites à cassure terreuse, et sans concrétion visible ou distincte.

La longueur de ce défilé, qui mesure la longueur du chaînon calcaire, est très peu considérable ; cependant les diverses couches semblent s'être formées à des époques

éloignées, puisqu'on a vu le calcaire des bords de la mer
très grossier, tandis que celui de la base que l'on trouve
dans le vallon de Patrimonio est d'une formation bien plus
ancienne. Ce défilé permet de voir dans tous ses points les
formations intermédiaires.

On arrive à St-Florent par le rivage de la mer. Cette
portion du golfe renferme des milliers de cailloux roulés de
magnifiques porphyres. Rarement on y trouve d'autres roches
en abondance. Les vagues qui viennent arroser ces cailloux
en font ressortir les couleurs d'une manière admirable.

Nous terminons notre journée par une course aux anciennes salines de St-Florent, vis-à-vis le bourg, de l'autre côté
du golfe. La base des montagnes, vers leur emplacement,
est du schiste talqueux assez bien caractérisé ; il est d'une
couleur gris-verdâtre tendre.

DE St-FLORENT A LA MAISON BLANCHE, PRÈS DU PONT DE
BEVINCO. — 1er mai. — En quittant St-Florent, on traverse
le chaînon calcaire, mais par une gorge un peu plus large
que celle de Barbaggio. Les variétés de cette roche sont
toujours les mêmes que précédemment. Le terrain primitif
commence vers la plaine du Nebbio ; en continuant on voit
le schiste talqueux dans la direction de 3h 1/2, en couches
tantôt verticales, tantôt inclinées de 55° vers le Sud-Est.

Près du village de Murato, le schiste devient très talqueux ;
il passe au talc en masse, à la pierre ollaire et à la serpentine
schisteuse, ayant 1/2h ou 3/4 d'heure pour direction. Le vrai
schiste talqueux reparaît au village, dirigé sur 3h 3/4.

On descend à la forge, éloignée d'une demi-heure du village, et à la jonction des deux branches qui forment le
Bevinco. Même terrain bien caractérisé dans la direction
de 3h et incliné de 45° vers le Sud-Est.

Après la forge, le tissu du schiste devient très fin. Il est

très feuilleté, et sa division en grand est en forme de paral-
lélipipèdes allongés.

A une portée de fusil avant d'arriver à Rutali, on voit une
belle couche de jade et diallage dans la direction de 3ʰ 1/2,
ayant une puissance de 3 à 5 mètres. A cette jolie roche
succède un talc en masse ou espèce de serpentine contenant
de la diallage, puis le schiste talqueux.

Du village de Rutali, on monte encore pendant 3/4 d'heure
jusqu'à une espèce de col, et dans cet espace on trouve :
1º Schiste talqueux contenant quelquefois de la diallage ; la
direction des couches est suivant 1/2 heure ; 2º Une couche
de jade et diallage un peu schisteuse dirigée sur 1ʰ ; 3º Schiste
talqueux et successivement jade et diallage pendant 1/4
d'heure de marche.

On descend ensuite à la Maison Blanche, en passant par
le village d'Ortale ; on ne rencontre que le schiste talqueux
dans la direction de 3 à 4ʰ, incliné de 25º à 45º vers le
Nord-Ouest, et quelquefois en couches presque verticales.

DE LA MAISON BLANCHE A SILVARECCIO. — 2 mai. — De la
Maison Blanche, près de la mer, on suit la grande route,
couverte de cailloux de serpentine, de talc en masse, de
pierre ollaire et de schiste talqueux. A la croix de Lucciana,
on voit cette dernière roche en place dans la direction de
1ʰ inclinant de 70º vers l'Ouest. Ce même schiste continue
jusqu'au pont de Golo, mais il devient moins talqueux. Après
le pont, il reparaît encore dans la direction de 12ʰ, en couches presque verticales, montant légèrement vers l'Est.

Jusqu'au village de Vescovato, on ne rencontre que des
schistes talqueux dirigés entre 10 et 12ʰ de la boussole,
tantôt en couches verticales, et d'autres fois légèrement inclinées vers le Nord-Ouest.

Du village de Vescovato à la Venzolasca, toujours même

terrain, dans la direction de 10ʰ 1/2, incliné de 40º vers l'Ouest Nord-Ouest.

Impatient de trouver un gîte de minerai de cuivre, nous avons été visiter celui qui est indiqué par M. Gensane au-dessous de l'église de la Venzolasca, bâtie sur le schiste talqueux tendre. Les couches sont dirigées sur 1ʰ. de la boussole, inclinant de 65º vers l'Ouest. C'est dans ce schiste qu'on aperçoit de petites veines de fer oligiste oxydé et hydraté ; on y rencontre également du fer sulfuré qui a passé en partie à l'état d'oxyde brun. Ainsi un échantillon pris dans ces veines présente le dernier à la surface et le premier au centre. Quelques oxydes bruns ne proviendraient-ils pas d'une semblable décomposition ?

Des taches de cuivre carbonaté se laissent apercevoir ou sur le fer sulfuré, ou bien sur le même métal à l'état d'oxyde ; mais rien n'indique un gisement de cuivre. Les anciennes ouvertures qu'on avait faites sont comblées, et on voit bien clairement qu'elles ne devaient conduire à aucun résultat. Dans cet état de choses, j'avais jugé que ce terrain était plus propre à recéler du fer que du cuivre ; et cette opinion a pris quelque consistance par l'examen du terrain qui se trouve de l'autre côté de l'église. Le sieur Paul Guerini, en cultivant sa vigne, a réuni un assez gros tas de minerai de fer oligiste et oxydé. Il paraît certain que ces blocs appartiennent à une couche assez puissante, et il serait facile de s'en assurer, même sans endommager beaucoup la vigne, en faisant une tranchée dans le lieu où toutes ces masses ferreuses ont été détachées. Cette mine ne serait qu'à une lieue de la mer. Cette localité serait d'autant plus avantageuse, qu'elle est à la proximité de la plupart des forges de la Corse. Comme la pente du terrain est assez forte, il en coûterait fort peu pour extraire le minerai en faisant la galerie principale d'exploitation dans les broussailles qui sont au bas de la vigne.

Toutefois il faudrait bien déterminer le gisement par la tranchée indiquée ; la seule crainte que l'on doive avoir, c'est que la mine ne soit un peu pyriteuse.

En continuant vers Silvarececio, on aperçoit d'abord une jolie couche de schiste talqueux, renfermant beaucoup de lames de diallage. Sa structure s'approche beaucoup de celle du gneiss.

Jusqu'à la croix de Porri, on ne rencontre que du schiste talqueux, ayant souvent un tissu assez fin, et constamment dans la direction de 1ʰ. De cette croix on descend vers le village de Porri, sur une schiste talqueux ayant pour direction 2ʰ et pour inclinaison 70° vers le Sud-Ouest. A ce village on voit beaucoup de fragments de la roche de schiste avec diallage, semblable à la précédente ; mais elle n'est pas en place. Dans tous les cas elle doit être comprise entre deux couches de schiste talqueux.

De Porri, on monte encore vers un petit col et on se trouve sur une des *costières* de Fiumalto. Peu après on arrive à Silvareccio, en marchant toujours sur le schiste talqueux, d'un gris légèrement verdâtre, dirigé sur 9ʰ ; les couches sont tantôt horizontales, d'autres fois inclinées jusqu'à 50° vers le Sud-Ouest.

DE SILVARECCIO AU COUVENT D'OREZZA — 3 mai. — On descend jusqu'au Fiumalto en passant par le village de Casalta, toujours par une pente assez raide. Tout le terrain est de schiste talqueux plus ou moins bien caractérisé. Les directions des couches observées sont 2ʰ, 6ʰ, 1ʰ, 4ʰ 1/2 ; les inclinaisons 30° vers le Nord-Est, 60° vers le Sud, 45° vers l'Est, 55° vers le Sud-Est.

On remonte le Fiumalto jusqu'à la forge d'Orezza, et on trouve le schiste talqueux alternant avec le calcaire schisteux et de petites couches de calcaire saccharoïde presque pur, d'un gris assez foncé. Il paraît que ces alternatives sont assez fréquentes; mais comme tout le pays est couvert de châtaigniers, elles sont difficiles à être observées.

On continue à monter jusqu'à Stazzona, en laissant les eaux minérales dites d'Orezza sur la rive droite du Fiumalto. Le terrain est toujours du schiste talqueux bien caractérisé, dans la direction de 1ʰ, incliné de 60° vers l'Est. La même roche gît entre Stazzona et Piedicroce.

Entre le village de Piedicroce et le couvent d'Orezza, on voit des alternatives de schiste talqueux qui forme la masse du terrain, avec des couches de calcaire schisteux et de calcaire saccharoïde grisâtre semblable à ceux décrits jusqu'à présent, ayant beaucoup de rapport avec ceux des terrains intermédiaires; la direction de ces couches est sur 1ʰ et l'inclinaison de 45° vers l'est.

Ce pays (le canton d'Orezza) est l'Elysée de la Géologie; c'est ici qu'existe la roche connue sous le nom de *Vert antique* (*Verde di Corsica*), tout aussi belle dans les cabinets d'histoire naturelle que dans l'ornement et la décoration des salons. Jusqu'à présent on avait peu de données sur cette substance, et nous avons cherché à en recueillir le plus possible. Nous rapporterons donc non-seulement les observations d'aujourd'hui, mais encore celles faites en d'autres temps.

La plupart des roches de la Corse sont couvertes d'un lichen assez épais qui en masque la nature. D'autres fois les intempéries des saisons agissent fortement sur la couleur de la diallage du *Verde di Corsica*, et ces circonstances réunies rendent assez difficile l'examen de cette roche au milieu des autres. Mais tout devait concourir à rendre cette course des plus heureuses. Une légère pluie vint arroser tous les cailloux en faisant ressortir la beauté de la couleur verte de la roche que nous cherchions. Elle se trouve dans le lit du Fiumalto, en cailloux arrondis. Au fur et à mesure que l'on remonte, les cailloux du torrent deviennent plus nombreux et plus gros. Ceux de jade et de diallage suivent la même loi. A la forge d'Orezza, nous avons remarqué que cette roche entrait à peu près pour moitié parmi ceux qui existent dans le lit du torrent. Ces blocs ont toujours un, deux mètres cubes et plus. Ils continuent jusqu'au bas des montagnes de Stazzona et de Piedicroce.

Tandis que je faisais l'examen des cailloux et des blocs des rives de Fiumalto, j'avais envoyé mon chef mineur, avec des guides, sur la croupe de la montagne qui me paraissait devoir distribuer ses richesses aux vallées d'Orezza et d'Alesani. Mes espérances ne furent point trompées. Le jade et diallage existent en place vers cette partie de roches qui semble établir une limite naturelle entre ces vallées. La masse ou la couche paraît considérable ; mais il faut tout dire : ce *Verde di Corsica* n'est pas aussi beau que celui du lit du Fiumalto. La diallage n'est pas d'un vert aussi tendre et aussi délicat ; elle n'est pas lamelleuse, et le feldspath est plus foncé et plus sombre. D'après l'examen des lieux, on acquiert cependant la conviction que ces roches doivent avoir le même gisement. On a déjà fait à cet égard quelques observations sur les couleurs des serpentines et des diallages ; la roche dont il s'agit ici pourrait bien être sujette aux mêmes causes. Quoiqu'il en soit, le *Verde di Corsica*, qui était regardé comme particulier au sol du village de Stazzona, existe aujourd'hui dans une grande partie du lit du Fiumalto, jusqu'au pied de la montagne d'Orezza. On a la certitude de trouver les plus belles masses sur 3 lieues de longueur. La nature semble à son tour vouloir coopérer à l'érection des établissements que l'on pourrait créer dans cette vallée. Car, tandis que l'on trouve à l'infini des blocs de toute grosseur dans le lit du torrent, qui offre des chutes ou cascades par milliers, le pays ne laisse rien à désirer sous le rapport des habitants et des productions du sol. On pourrait faire des ateliers, pour ainsi dire, portatifs ; en effet, les chutes d'eau devant coûter fort peu de chose, ainsi que les moulins à scier, on peut s'établir dans un point central de beaux blocs ; dès l'instant qu'ils seraient épuisés, pour ne pas faire le transport de ceux qui seraient à une distance trop considérable, on ferait une nouvelle prise, et on transporterait tous les artifices de l'atelier pour s'établir encore au milieu d'un point central, commode et riche. On peut ainsi travailler pendant des siècles sans craindre d'épuiser la matière. On peut ainsi livrer à la consommation les produits de ces àteliers, sans diminuer l'espoir d'un rapide écoulement. Le *Verde di Corsica* est particulier au sol de la Corse ; il est beau par lui-même ; il n'a pas besoin du secours des modes ou des *vils préjugés,* pour ajouter au prix qu'on doit y attacher. Il est susceptible du plus beau poli, et son grand degré de dureté et de ténacité le rend propre à une infinité d'usages et de décorations.

C'est aux Romains que nous devons la découverte de cette intéressante roche ; ils (*sic*) en avaient orné la chapelle des Médicis à Florence. Aujourd'hui nous avons la certitude de nous procurer le *Verde di Corsica* à un prix modéré, et nous pouvons aussi bien l'employer à la décoration des palais et des grands édifices, comme à l'ornement des demeures privées. Nous pouvons le considérer comme le plus beau de nos marbres, et en faire confectionner des dessus de tables, de commodes, de consoles, ainsi que des cheminées, des urnes, des porte-pendules, etc. Tous ces objets doivent être fabriqués sur les lieux, à l'effet d'utiliser les chutes du Fiumalto et de faire un beau choix dans les blocs, et d'écomiser les frais de transport.

Tous les jours des mulets vont de la forge à la marine, pour chercher le minerai nécessaire à son roulement. Ils

3

offrent donc le grand avantage de faire à un prix modique le transport des objets fabriqués. On estime que la valeur du quintal métrique n'excèderait pas 2 francs, et d'ailleurs cette dépense peut encore être réduite. En effet, le chemin de la marine aux lieux des établissements pourrait, avec peu de dépense, être rendu praticable à des chars, et on a l'assurance que la Commune et le propriétaire des forges feraient à cet égard les plus généreux efforts.

Le *Verde di Corsica* ayant une structure grossièrement schisteuse, doit être scié et poli perpendiculairement à ses plans ou feuillets, pour produire le plus bel effet.

Quoique j'eusse acquis moralement la certitude que le *Verde di Corsica* du torrent de Fiumalto venait de la croupe de montagnes qui est au Sud-Ouest de Piedicroce, je voulus néanmoins parcourir toutes les montagnes de St-Pierre, à l'Ouest du même village ; je vais donner la description géologique que j'en ai faite jusqu'à la *Bocca di Orezza* et à la *Punta Ventosa*.

On suit le petit sentier qui conduit sur ces hauteurs, et on trouve dans l'ordre suivant :

1o. Schiste talqueux, direction 12h, inclinaison 70o vers l'Est ;

2o. Schiste talqueux devenant un peu calcaire, même direction et même inclinaison ;

3o. Schiste talqueux, avec des veines plus ou moins épaisses de calcaire schisteux ;

4o. Calcaire saccharoïde, d'un gris bleu, un peu schisteux, direction 3h., inclinaison 10 à 15 degrés vers le Sud-Est ;

5o. Alternatives de couches de calcaire un peu schisteux, avec les schistes talqueux, direction 3h., inclinaison 60 à 65o vers le Sud-Est ;

6o. Schiste talqueux plus quartzeux que le précédent, même direction, incliné de 80o vers le Sud-Est ;

7°. Grande couche de talc en masse et de serpentine assez jolie ;

8°. Schiste talqueux, même direction, inclinant de 50° à 60° vers le Sud-Est ;

9°. Serpentine mélangée de vert foncé et vert tendre ;

10°. Alternatives de schiste talqueux avec les calcaires saccharoïdes schisteux, d'un gris bleu. C'est dans une couche de ce schiste qu'on a trouvé une veine assez étendue d'amianthe blanche à longues fibres, un peu dures. Cette amianthe ne serait pas susceptible d'être filée, mais on verra plus tard l'application qu'on en fait dans les arts ;

11°. Calcaire en couches assez épaisses, mais toujours un peu talqueux ; il est au versant des eaux des pays d'Orezza, de Corti ou de Rostino ;

12°. Enfin, sur le revers, schiste talqueux proprement dit. Les recherches dans ces monts sur le jade et diallage ont été infructueuses.

DE PIEDICROCE A CHIATRA — 6 mai. — De Piedicroce on descend jusqu'au torrent de Fiumalto, puis on se dirige vers le village de Carpineto, qui se trouve sur une montagne couverte de châtaigniers ; tout ce terrain est de schiste talqueux, dans la direction de 1ʰ, inclinant de 5° à 6° vers l'Est.

De Carpineto on monte jusqu'au col qui sépare les pays d'Orezza et d'Alesani. On descend ensuite sur le schiste talqueux, renfermant quelquefois de petites couches schisteuses de calcaire, ayant pour direction 2ʰ de la boussole et pour inclinaison 70° vers l'Est.

Dans cette vallée, on rencontre, comme sur les rives du Fiumalto, la belle roche de *Verde di Corsica*. Quelques blocs ressemblent identiquement à la variété trouvée en place.

Quoique un grand nombre de ces blocs aient un volume considérable, on ne doit pas signaler cette localité pour y élever des ateliers. Ils sont moins nombreux que dans le pays d'Orezza, et le ruisseau d'Alesani n'est pas aussi volumineux que le Fiumalto. Enfin le transport à la mer serait plus difficile et plus dispendieux.

On traverse le *rif* d'Alesani vers le courant (*sic*) et on monte au village de Castagneto ; la nature du terrain est schiste talqueux, entremêlé de calcaire schisteux gris bleuâtre ; la direction des couches est de 12^h, et leur inclinaison de 70° à 80° vers l'Ouest.

De Castagneto on descend jusqu'aux ruines de la forge de Chiatra, toujours sur les *costières* du torrent d'Alesani, et sur un terrain bien réglé. On observe dans l'ordre suivant :

1°. Schiste talqueux dirigé sur 2^h, inclinant de 70° à 80° vers le Nord-Ouest ;

2°. Calcaire schisteux et schiste talqueux ;

3°. Alternatives nombreuses de schiste talqueux et de calcaire schisteux, ayant même direction et même inclinaison que précédemment ;

4°. Même nature de roches, dans la direction de 5^h, en couches presque verticales, montant légèrement vers le Nord ;

5°. Serpentine commune, talc en masse et pierre ollaire ;

6°. Alternatives de calcaire schisteux et de schiste talqueux.

De la forge on se rend, par une pente assez raide, au village de Chiatra, qui en est éloigné de 3/4 d'heure. Comme précédemment, on ne trouve que des schistes talqueux entremêlés de couches de calcaire saccharoïde bleuâtre et de calcaire schisteux. Le village est bâti sur le schiste talqueux verdâtre, dirigé sur 2^h, et incliné de 60° à 70° vers le Nord-Ouest.

DE CHIATRA A MONTE ET A LA MINE DE LINGUIZZETTA. — 7-8 mai. — Dans le trajet de Chiatra à Monte, on ne voit qu'un terrain de schiste talqueux, dans la direction de 3^h, incliné de 50° à 60° vers le Nord-Ouest.

De Monte on se dirige sur le village de Linguizzetta, et on continue dans la même direction jusque près du ruisseau de Lischio. On monte pendant 10 minutes environ sur la rive gauche, et on arrive à la mine de cuivre de **Linguizzetta**, sur laquelle le canton avait toujours fondé de grandes espérances, d'après la visite et le rapport qu'en avait fait M. Gensane.

Jusqu'au ruisseau de Lischio, le terrain parcouru est tout schiste talqueux, entremêlé de calcaire saccharoïde bleuâtre et de calcaire schisteux. La direction des couches est suivant 3^h, inclinaison de 80° vers le Nord-Ouest.

Au gisement indiqué par M. Gensane, le schiste talqueux est très quartzeux ; mais il ne paraît nullement stratifié ; il est mêlé parfois de cornéenne, et toute la masse est d'une couleur verdâtre.

On rencontre d'abord un commencement de galerie de deux mètres de longueur, suivant 9^h, ce qui serait une direction perpendiculaire aux couches du terrain environnant. On ne trouve que quelques légères efflorescences de cuivre carbonaté vert, dans la roche qu'on vient de décrire ; mais rien n'indique un filon ou une couche. On se dirige ensuite vers la rive gauche du torrent. Cette portion de montagne n'offre que de petites pyramides émoussées de la roche en place au milieu des makis, mais sans direction ni inclinaison. On n'aperçoit aucun indice probable de cuivre.

En passant par derrière ces pyramides, on remarque un autre bout de galerie, à peine d'un mètre de longueur, dans la direction de 9^h. On voit, il est vrai, quelques légères traces de cuivre pyriteux et carbonaté vert ; mais sans la moindre apparence de gisement exploitable. En se dirigeant au Nord, on distingue un vieux reste de travaux éboulés qui ne présente rien de bien satisfaisant.

Enfin, on descend vers le torrent de Lischio, dont les eaux sont réputées cuivreuses et malfaisantes. D'après l'essai que j'en ai fait, il n'y a pas un atome de cuivre. Ma caravane et moi, nous en avons ensuite bu, sans éprouver la moindre incommodité. Je regrette infiniment, dans l'intérêt de la Corse, d'être en contradiction avec l'auteur précité, et on verra plus tard encore que je n'ai jamais rien trouvé là où il savait voir des richesses de grand prix.

De Monte a Padulella — 9 mai. — Du village de Monte on descend dans la plaine, sur le schiste talqueux, renfermant des couches de calcaire saccharoïde bleuâtre et de calcaire schisteux.

Ces couches sont verticales et dirigées sur 3^h. ; les feuillets des schistes sont parfois un peu contournés.

On arrive au torrent d'Alesani, où l'on rencontre beaucoup de blocs de 1 à 3 centimètres cubes de la belle roche de *Verde di Corsica*, tout à fait semblable à celle de Fiumalto. En poursuivant notre route vers Cervione, on ne voit que des schistes talqueux, alternant avec des couches calcaires saccharoïdes bleuâtres, mêlées souvent de talc. Leur direction varie entre 3^h et 3^h 1/2, leur inclinaison entre 45° et 80° vers le Nord-Ouest. A Cervione on nous a fait beaucoup de récits sur une mine de plomb qui doit exister vers la mer, dans la commue de Valle, près de l'habitation de M. Frediani, maire. Sur une espèce de plateau peu élevé, couvert de broussailles, et à une grande distance des montagnes, on voit quelques fragments anguleux de manganèse oxydé noir, compacte et très pur. Ces fragments n'occupent qu'un petit espace, et hors de ce point on fait des recherches inutiles.

Ce terrain, sur lequel reposent ces morceaux de manganèse, est de schiste talqueux en décomposition. Pendant longtemps nous cherchons infructueusement le métal en place, et ce n'est qu'aux approches du soleil couchant que nous croyons avoir découvert son lieu natal ; mais mon adjoint ayant fait faire des fouilles plus tard à tranchées ouvertes, n'a trouvé dans ce prétendu gisement qu'une masse énorme de 20 quintaux métriques. Plus tard encore il a fait de nouvelles tentatives et il n'a rencontré que de nouvelles masses isolées. Il reste néanmoins l'espoir, pour ne pas dire l'assurance, que ce gîte ne peut être éloigné. Il est essentiel de faire remarquer que ce plateau ne renferme point de gros cailloux étrangers à son sol.

Comme cette localité a paru intéressante, elle a été invariablement fixée par la boussole. Dirigée sur le village de St-André, elle marquait 4h 1/4 ; sur Cervione, 5h 7/8 ; et sur Poggio de Moriani 8h 1/6.

On passe ensuite vers une éminence de rochers de la nature du gneiss micacé et près de la mer. Les couches parfaitement réglées sont dirigées sur 2h et inclinées de 6° vers l'Ouest Nord-Ouest. On remonte à gauche près du rivage, on traverse le ruisseau qui fait mouvoir la forge de Bucatojo, et on entre dans le petit village de Padulella, sur les schistes talqueux qui s'étendent jusqu'à la mer.

De Padulella a Casa-Bianca, près le pont de Bivinco — 10 mai. — On laisse près du village, sur le ruisseau de Petrignani, une forge à fer, chômant faute d'ouvriers. On arrive vers le Fiumalto sur le schiste talqueux dirigé sur 9, 10 et 11h, avec une inclinaison de 45° à 90° vers le Nord-Est. Ce schiste ne renferme point de calcaire, comme dans les montagnes du centre. On remonte sur la rive gauche pendant 10 minutes pour aller voir la forge de M. Renucci, en cherchant vainement le *Verde di Corsica*, que l'on avait trouvé au-dessus, dans le pays d'Orezza ; mais il paraît que la pente du *rif* n'a pas été assez forte pour opérer le transport de cette roche à la la mer. Au sortir de la forge, on voit assez bien le schiste talqueux en place, dans la direction de 1/2h, inclinant de 70° à 80° vers l'Ouest.

On arrive à Casa-Bianca sur les cailloux roulés, recouvrant en grande partie des schistes talqueux en place, qui ont subi de grands dérangements et pour lesquels on ne peut prendre aucune direction. Ils ne renferment point de couches de calcaire.

DE CASA-BIANCA A BASTIA — 11 mai. — On fait ce trajet sur la grande route de Bastia à Ajaccio ; il n'offre au naturaliste que des cailloux roulés de gneiss, de schistes plus ou moins talqueux, de serpentine de diverses couleurs, de pierres ollaires et de protogine. Ces roches viennent des montagnes qui sont à l'Ouest de la route.

DE BASTIA A St-FLORENT. — 14 mai. — On va à St-Florent par la route ordinaire ; on monte jusqu'au Col, ou versant des eaux, et on trouve diverses roches dans l'ordre suivant :

1° En sortant de Bastia, gneiss talqueux en couches presque horizontales;

2° Schiste talqueux, disposé de la même manière ;

3° Talc en masse, pierre ollaire et serpentine commune, dans la direction de 9h en couches presque verticales ;

4° Schiste talqueux passant au gneiss, dirigé suivant 12h. inclinant de 25° vers l'Est ;

5° Schiste talqueux verdâtre, dans la direction de 11h, ayant 30° d'inclinaison vers l'Est ;

6° Schiste talqueux quartzeux, dirigé suivant 7h, montant vers le Nord suivant un angle de 45° ;

7° Schiste talqueux ordinaire, ayant une direction de 9h et pour inclinaison 80° vers le Nord-Est ;

8° Calcaire saccharoïde gris bleuâtre, un peu talqueux,

en couches de 3 à 4 décimètres de puissance, dans la direction de 11 h. inclinaison 20° à 30° vers le Nord-Est ;

9° Schiste talqueux à feuillets un peu contournés ;

10° Enfin même calcaire que précédemment, dirigé suivant 3ʰ 1/2 et incliné de 45° vers le Nord-Ouest.

On remarque dans ce terrain de grandes variations dans l'inclinaison des couches. Du col on descend vers St-Florent ; les roches se succèdent ainsi qu'il suit :

1° Schiste talqueux gris verdâtre ;

2° Alternatives du même schiste avec de petites couches de calcaire saccharoïde gris bleu ;

3° Schiste talqueux, dans la direction de 5ʰ., montant suivant un angle de 25° vers le Sud ;

4° Même nature de terrain, renfermant une couche de calcaire schisteux, dans la direction de 3h., incliné de 25° à 30° vers le Sud-Est ;

3° Enfin, schiste talqueux, propre à faire des lauses, dirigé suivant 12 h., montant de 25° à 30° vers l'Est ;

On traverse le petit vallon de Patrimonio, où commence le chaînon de calcaire secondaire de St-Florent ; puis on arrive dans ce bourg par la route du détroit qui a déjà été décrit.

DE Sᵗ-FLORENT À LA MINE DE PLOMB ARGENTIFÈRE DE PRATO. — 15 mai. — La mine de plomb de Prato fut attaquée autrefois par le fameux Paoli, qui l'abandonna presque de suite, dit-on, à cause des guerres qu'il avait à soutenir.

Quelles que soient les causes de cet abandon, il paraît que ce général ne fit faire qu'une petite tranchée, sur les indices de la superficie, qui fut bientôt comblée. Plus tard, le sieur Jean-Baptiste Arena fit rouvrir cette tranchée ou ce fossé, mais n'ayant aucune connaissance de la législation sur les mines, il cessa ses travaux, et le temps vint encore faire le remblai de cette excavation. Cette mine se trouve sur le chemin de Patrimonio à Oletta. De St-Florent, il faut reprendre les Bocche di Barbaggio, et lorsqu'on est parvenu au chemin indiqué, on se dirige vers le Sud. Elle se trouve dans le petit vallon de Barbaggio qui sépare la chaîne primitive du chaînon calcaire, et dans la propriété du Sieur Arena. Ce terrain est de schiste talqueux, recouvert en grande partie par la terre végétale ou par des broussailles. La direction est suivant 12ʰ. de la boussole, et l'inclinaison est variable, depuis quelques degrés vers l'Est jusqu'à la verticalité. Comme cette direction est à peu près celle de la chaîne principale, il paraît que ce terrain est assez bien réglé dans cette localité.

La nature du minerai est le plomb sulfuré argentifère. D'après l'essai qui en a été fait, 100 parties de *Schlich* bien lavé ont donné........ plomb et........ argent. Ce minerai est disséminé dans une couche de schiste avec plus ou moins d'abondance. Ayant fait rouvrir cette tranchée, nous avons reconnu que lorsqu'on s'enfonce, le schiste est plus chargé de minerai. La puissance de la couche qui le renferme est de 2 1/2 à 3 pieds.

Pour bien reconnaître la nature de cette couche, il faudrait y percer un puits de quelques mètres, et au fond de ce puits deux galeries en sens opposé et toujours dans la direction des strates. Une simple tranchée de quelques pieds de profondeur n'indique rien en exploitation. Comme la roche n'est point dure, ces frais de recherche seraient peu dispendieux.

Cette localité est dans un bas-fond; il ne paraît pas que dans aucun cas on puisse faire usage d'une galerie d'écoulement. Il faudrait y suppléer par les autres moyens que donne l'art du mineur, si on était incommodé par les eaux.

A peu de distance de cette mine, au Sud, on trouve le

ruisseau de Fiuminale qui ne tarit jamais et qui pourrait être employé pour moteur des artifices nécessaires à la préparation mécanique et à la fusion. Cette mine n'est qu'à 1ʰ 1/4 de Sᵗ-Florent, et dans la plus belle position de la Corse pour l'arrivage des combustibles et pour la sortie des produits. Avec une très-légère dépense, les chemins deviendraient praticables pour des chars.

De Sᵗ-Florent a la Casa d'Ifana. — 16 Mai. — De St-Florent, on se dirige vers la pointe du golfe en passant ensuite au-dessus de l'emplacement des salines, et en continuant jusqu'au col qui se trouve entre les monts San Pietro et Dogge. Au calcaire secondaire du petit chaînon qui est autour du bourg, succèdent dans l'ordre suivant :

1 Schiste talqueux, talc en masse, pierre ollaire, et calcaire schisteux bleu saccharoïde sans direction décidée ;

2⁰ Schiste talqueux dirigé sur 3ʰ et incliné de 45⁰ vers le Nord-Ouest ;

3⁰ Calcaire schisteux, pierre ollaire et serpentine ;

4⁰ Gneiss talqueux assez bien caractérisé, dans la direction de 5 à 7ʰ., inclinant de 10⁰ à 80⁰ vers le Sud.

Entre les deux monts précités, le gneiss paraît avoir subi de grands dérangements ; les énormes blocs qui recouvrent ces montagnes et les pointes de la même roche qui se trouvent encore en place sont tous cariés et offrent à chaque instant des formes assez bizarres. Ce genre de spectacle est très-fréquent dans les roches granitiques de la Corse, et on ne peut s'empêcher d'y voir l'image du chaos.

En continuant vers l'Ouest, le terrain est toujours gneiss, mais, jusqu'à la *Casa di Casta*, il est bien mieux réglé. Sa direction est suivant 3ʰ et son inclinaison de 45⁰ vers le Nord-Ouest ; il renferme accidentellement et bien rarement de petites couches de schiste talqueux. Cette maison est la seule habitation que l'on rencontre depuis St-Florent; elle est bâtie sur le véritable gneiss, en couches verticales, dirigées suivant 1h.

On descend vers le ruisseau de *Zente* dont les eaux ne sont ni fraîches, ni bien limpides, et constamment sur le gneiss. Les strates sont difficiles à saisir, et ce n'est qu'à une bonne heure de Casta que l'on trouve des couches évidemment verticales dans la direction de 2h.

Après ce ruisseau, on se dirige jusqu'au versant des eaux de la montagne que l'on apercevait de Casta; on trouve :

1o Un gneiss qui n'est pas aussi bien caractérisé que le précédent; ses feuillets sont plus minces;

2o Schiste talqueux dirigé vers 12h. et incliné de 45o vers l'Ouest;

3o Au col, même schiste dans la direction de 10h., inclinant de 20o vers le Nord-Est.

On marche ensuite vers la *Casa d'Ifana*, toujours sur le schiste talqueux, dirigé suivant 1/2h., incliné de 20o vers l'Est. Cette habitation au milieu des makis les plus vastes est habitée par une brigade de gendarmerie.

D'IFANA A L'ILE-ROUSSE. — 17 mai. — Au lever de l'aurore nous prenons la route de l'Ile-Rousse; on descend jusqu'au petit *rif* qui se jette dans la Piubeta. Les schistes sont les mêmes que précédemment sans direction ni inclinaison bien déterminées. On y voit des couches verticales dirigées suivant 10h. On chemine vers le torrent d'Ostriconi; mêmes schistes que précédemment, en couches verticales, dans la direction de 11 à 12h., auxquels succèdent un beau gneiss, le granit gris, le schiste talqueux noirâtre et puis enfin le même granit.

On traverse la montagne sur un calcaire compacte noirâtre, quelquefois feuilleté, renfermant fréquemment des veines ou filets de chaux carbonatée blanche lamelleuse. Il ressemble en tout à cette lisière de calcaire qui se trouve dans les Alpes dauphinoises, superposé au schiste talqueux, et recouvert par le calcaire alpin. Ce calcaire est assez tourmenté ; ses couches sont dirigées sur 6^h., avec une inclinaison de 50° vers le Sud, si ce n'est vers le col, où elles sont dans la direction de 10 à 12^h inclinant de 60° à 90° vers le Sud-Ouest ou vers l'Ouest.

En descendant sur le revers de la montagne, le calcaire y est moins pur ; il devient plus quartzeux et prend l'aspect sableux ; il contient un peu de talc.

Au bas de la montagne, où l'on trouve un four à chaux, finit le calcaire, et succède un schiste argileux mal caractérisé, qui passe bientôt au schiste talqueux ordinaire, en couches verticales dans la direction de 12^h.

On se dirige ensuite vers le petit chaînon qui nous sépare de l'Ile-Rousse ; on trouve, après les schistes, une roche de quartz et de feldspath, à petits grains réunis par un ciment quartzeux et un peu calcaire. Après cette espèce de grès, on ne rencontre plus que du granit gris, à grands cristaux de feldspath blanchâtre. Ce n'est que par accident que ce granit renferme du feldspath rosé.

Cette association de roches secondaires anciennes au milieu des gneiss et des granits m'a, depuis leur examen, fait faire beaucoup de réflexions. Si elles ne sont point superposées sur ces derniers, comme je le crois, il en résulterait que le terrain, vers le ruisseau d'Ostriconi, ne peut être rangé que dans les plus anciens des secondaires.

L'ordre de superposition est difficile à établir ; on se trouve au milieu des bois et des makis, éloigné des habitations, et sur un sol pénible à parcourir. Je laisse à mon successeur le soin de faire de nouvelles courses, surtout vers les rivages de la mer, et, avec de nouveaux éléments, on arrivera peut-être à de nouvelles conclusions géologiques.

De l'Ile-Rousse a Ville. — 18 mai. — A l'Ile-Rousse,

on nous apporte d'assez jolis échantillons de plomb sulfuré venant de Ville, au Sud-Est de la ville. Pour aller à ce gisement, on monte vers le village de Monticello, sur un terrain granitique. Cette roche est en général grise, ayant de grands cristaux de feldspath blanchâtre. Ce granit ne paraît pas stratifié, et si dans quelques parties assez rares, on croit voir des strates, il ne faut l'attribuer qu'à des veines de quartz verticales et dans la direction de 3 à 4^h.

De Monticello on descend sur le torrent de Regino, qui roule paisiblement ses eaux dans un vallon riant et fertile. Ce terrain est tout à fait semblable au précédent.

On se dirige sur le village de Ville, situé au milieu de la montagne. La mine de plomb doit se trouver dans la propriété de M. Jean-Baptiste Saladini. On y voit effectivement au milieu des roches granitiques une veinule de *galène* qui n'a ni suite ni continuité. Elle forme une espèce de lentille au milieu du rocher. Ce plomb sulfuré est en petites écailles, quelquefois mat et compacte, disséminé dans une roche quartzo-talqueuse. La veinule verticale est dans la direction de 6^h 1/2. Après son examen, nous avons visité tous les environs pour asseoir notre opinion sur ce gîte, et nous avons acquis la certitude qu'il ne mérite pas d'être poursuivi.

En continuant dans des vues géologiques vers la sommité de la montagne, on trouve constamment le même granit partout, et dans les roches en place, et dans les cailloux des ravins ou des ruisseaux. Nous confortons notre jugement sur la non-existence des métaux dans ces montagnes, car elles ne renferment aucune trace de filons ou de couches.

De l'Ile-Rousse a Calvi. — 19 Mai. — De l'Ile-Rousse on va vers l'Algajola. Tout le terrain est granitique, et, jusqu'à un quart d'heure de ce village, autrefois capitale de la Balagne, la roche a une structure porphyroïde ; les cristaux de feldspath sont allongés et d'une couleur blanchâtre. Ce granit n'est point stratifié. Il renferme parfois des veines et filons de quartz compact presque pur ou d'eurite.

Près de l'Algajola et avant d'y arriver, la route est toute couverte d'un beau granit à feldspath rosé ou incarnat. Les fragments ou blocs sont anguleux, et ils reposent sur un autre granit moins beau, attendu que la couleur du feldspath n'est que faiblement rosée.

On descend vers la mer, là où les masses des roches se montrent plus à découvert ; on y trouve en place le beau granit rose, au milieu de la même roche d'une couleur grise. Ces deux variétés ne forment ni des bancs, ni des associations bien régulières, et il semble plutôt qu'une aimable confusion règne parmi elles, pour faire ressortir toute la beauté de la première. Ce granit est composé de cristaux de feldspath d'un rose foncé ou incarnat, de quartz gris, de mica vert ou noir, et d'une multitude de petits cristaux de titane oxydé. Ces cristaux de titane sont d'autant plus nombreux que la couleur du feldspath est plus rouge, et on croirait qu'ils n'existent dans cette roche que pour mesurer l'intensité de cette couleur.

Ce granit a l'aspect de celui qui est connu sous le nom d'*oriental*, il se trouve dans cette localité en masses considérables. Des blocs de toutes les dimensions, de toutes les formes, existent sur la roche en place sur les bords de la mer. C'est en quelque sorte une provocation que la nature fait aux beaux-arts, puisqu'il ne reste plus qu'à les embarquer.

Ces masses granitiques offrent dans les environs des cavités ou espèces de chambres assez jolies et bien disposées. Si on ne se trouvait pas à un quart d'heure de l'Algajola, et au centre de la province la plus fertile de l'Ile, elles pourraient être employées pour des logements d'ouvriers ; combien de fois dans mes voyages j'ai eu à regretter les grottes de l'Algajola! Un lit de granit vaut sûrement une tente dressée au milieu des bois, ou sur le sable de la mer.

D'après cette description, on voit évidemment qu'une exploitation dans ce pays assure des avantages à l'entrepreneur, à l'Ile et à l'État. Le coup d'œil de ce beau granit, son abondance, sa facile extraction, l'avantage de pouvoir l'embarquer sur place pourront toujours satisfaire et l'architecte et le naturaliste. Nous les invitons à aller voir cette roche dans son lieu natal, car on la juge fort au-dessous de sa beauté sur de simples échantillons.

Dans un quart d'heure, on entre à l'Algajola, et on continue sur Calvi. Le terrain est granitique, de couleur grise, et rarement rosée. Une heure avant d'arriver dans cette ville, on rencontre un beau filon de grünstein très-dur (roche d'amphibole et de feldspath) ; il est vertical, bien réglé et dans la direction de 4^h.

ENVIRONS DE CALVI. — 20-21 MAI. — Le mauvais temps s'étant opposé au voyage de Galeria, on s'est borné à faire des courses aux environs de Calvi. Tout le terrain y est granitique, sans aucune espèce de stratification. Dans cette roche, le feldspath participe toujours de la couleur rosée, le quartz ordinairement gris, et le mica vert ou noir.

Le titane oxydé n'est point étranger à ce sol ; dans le granit rosé, il s'y trouve en petits cristaux, mais moins gros et plus rares que dans celui de l'Algajola. Ce minéral n'existe point dans les granits gris ; ou tout au moins je n'ai pu en découvrir la moindre trace.

Les masses granitiques sont coupées près de Calvi par un
grand nombre de filons verticaux, de petits grains gris de
quartz, d'eurite, et de grünstein dur ; leur direction générale
varie entre 5 et 7ʰ. Un bien petit nombre s'écarte de cette
loi.

Quoique le granit de Calvi soit moins joli que celui de
l'Algajola, on ne doit pas taire qu'il existe en grosses masses
et au bord de la mer. Son exploitation est des plus faciles, et
cette roche est un vaste domaine à explorer pour l'architecture. Avec quelle magnificence elle peut décorer les palais et
les beaux monuments ! Que de belles colonnes on pourrait
tirer de Calvi !

DE CALVI A GALERIA. — 22 mai. — On reprend la route
de l'Algajola pendant trois quarts d'heure, puis on se dirige
à droite dans une espèce de plaine de makis, bordée par un
amphithéâtre de montagnes assez élevées, dont les cimes
conservent encore de la neige.

Le sol de cette plaine est granitique comme dans les
environs de Calvi. A son extrémité, au bas de la montagne,
le granit devient gris, à petits grains, sans aucun indice de
stratification. On rencontre aussi un grand nombre de blocs
de granit euritique, à structure porphyroïde, par les cristaux
de feldspath blanchâtre qu'il contient. Ce porphyre vient des
montagnes à droite.

On atteint le col, ou le versant des eaux de la chaîne
précitée, où l'on trouve : 1º du quartz blanchâtre, 2º de
l'eurite, 3º le petit granit gris qui forme les masses de la
montagne. Ces masses de quartz ou d'eurite (car on ne
sait s'il faut les qualifier de couches ou de filons) sont dans
la direction de 3 à 6 ʰ.

En descendant dans le vallon de Marzolino, on aperçoit
dans l'ordre suivant :

1º Granit gris rose pâle, à petits grains.

2º Quartz rouge lie de vin, dans la direction de 6ʰ.

3º Granit à petits grains.

4º Petit granit assez mal caractérisé, passant à l'eurite.

5º Petit granit à feldspath, couleur lie de vin ; il passe quelquefois au porphyre dans la même couleur, ayant pour cristaux du quartz gris.

6º Granit à petits grains, couleur moins foncée.

7º. A l'extrémité du vallon, appelé la *Stretta di Marzolino*, on rencontre la formation des roches globuleuses dont le type de l'espèce sera pour nous celle que l'on connaît sous le nom de porphyre globuleux, pyroméride globaire, etc., etc.

Nous pensons que pour suivre la description géologique de ces roches, il convient de bien s'entendre sur leur nature, ce qui nous détermine à entrer dans quelques détails qui ne peuvent trouver place ici qu'en forme de digression.

Les parties constituantes essentielles du porphyre globuleux déterminées par M. Montiero sont feldspath et feldspath quartzeux. Comme nous traitons cette roche dans les vues les plus générales de ses associations géologiques, nous pensons qu'il faut lui ajouter un troisième élément, qui est le talc.

Il est nécessaire d'examiner deux choses dans le porphyre globuleux ; les noyaux ou globes et le ciment qui les lie. En général, les éléments du ciment sont peu discernables, et ce n'est que par analogie qu'on sait qu'ils consistent en feldspath et quartz. Ceux des globes radiés sont pour la plupart visibles à l'œil ; ils le sont encore dans ceux à couches concentriques, quand le diamètre excède 4 pouces ; mais au-dessous, le tissu en est si fin, que la matière ne présente qu'un tout homogène. Les globes sont en général plus colorés que le fond ou ciment, et surtout dans les variétés où ils n'ont que quelques lignes.

Comme ces roches gisent au milieu des granits et des eurites ; comme les eurites eux-mêmes sont colorés par le talc, qui est comme fondu dans la masse, on peut conclure géologiquement que la couleur des porphyres globuleux est due à la même substance.

Ses éléments sont donc : le feldspath, partie dominante ; le quartz, et enfin le talc, ou mica, partie colorante ; mais ces principes étant ceux de l'eurite, il ne faut voir dans les roches dont il est question que la première, avec une contexture particulière.

On pourra objecter que ces masses de porphyre globuleux ne sont pas parfaitement homogènes ; que les éléments sont tantôt discernables, tantôt invisibles. On peut répondre qu'en géologie on ne tient pas compte de ces petites circonstances, qu'il ne faut attribuer qu'à une force de cristallisation un peu différente; et d'ailleurs, quel est l'eurite dans lequel on n'aperçoit pas quelquefois les éléments ? Cette nature de roche ne se distingue du granit à grains très-fins que par les passages, et ce n'est que par analogie, ou parce que les éléments se laissent surprendre à l'œil, que l'on reconnaît l'eurite.

Puisque le nom de porphyre globuleux a été reconnu impropre, et que celui de pyroméride ne peut convenir davantage en ce qu'il est trop vague, on doit, ce me semble, le chercher et dans sa composition et dans sa contexture. Dans ce cas, le nom d'eurite globuleux convient parfaitement à cette roche, et je le lui conserverai dans toute l'étendue de cette relation.

Il existe en Corse plusieurs variétés de ces roches, qui sont bien intéressantes. Une courte description devient ici nécessaire, pour ne pas y revenir toutes les fois qu'on les rencontrera, et pour embrasser de suite leur ensemble.

1º Eurite globuleux, à gros globules. — Les orbes sont

de la grosseur d'une bombe, et plus rarement au-dessous du volume d'un boulet. Le ciment est un eurite grisâtre, et les globules, d'une couleur un peu plus foncée, sont formés de couches concentriques. Les éléments à très-petits grains sont souvent discernables.

2º Eurite globuleux, à moyens globules. — Les orbes ont depuis 1/2 pouce de diamètre jusqu'à 2 pouces 1/2. Le ciment euritique est surchargé de feldspath ; sa couleur ordinaire est le jaune sale. Les globules sont tantôt radiés et tantôt par couches concentriques ; les premiers ont une teinte de jaune grisâtre, et leurs éléments sont souvent visibles ; ils ne le sont pas dans les derniers, dont la couleur est le jaunâtre.

3º Eurite globuleux, à petits globules. — Les orbes ont, depuis la grosseur d'une noisette, jusqu'à celle de la tête d'une épingle. Je ne sais pas si cette formation est connue, et je vais donner quelques détails.

Les circonstances du gisement sont identiquement les mêmes que pour les variétés précédentes. Il n'en diffère que par la couleur et par la proportion des éléments. En général, les globules ont une teinte violacée, et c'est au talc ou au mica qu'il faut attribuer cette couleur. Le fond de la roche est blanchâtre, grisâtre ou jaunâtre. Dans cette variété, les éléments ne sont nullement discernables, et, dans un même filon, tous les globules ont à peu près la même grosseur. Il n'en est pas de même de la seconde variété, où l'on trouve souvent, au milieu des gros globules, les petits de la troisième, et identiquement les mêmes par la composition, la structure et la couleur.

Reprenons notre voyage et transportons-nous à la *Stretta di Marzolino*. On y trouve l'eurite globuleux à petis globules, de couleur plus foncée que le ciment, qui est jaunâtre. Cette roche gît, au-dessus et au-dessous du chemin, dans les gra-

nits. Elle semble affecter une direction de 12ʰ. de la boussole, mais on ne peut donner ce résultat comme certain.
Cette prétendue direction pourrait bien n'être qu'une fissure.

On entre dans le vallon de Vagliolo, qui n'est qu'une
continuation de celui de Marzolino ; on n'y trouve qu'un
granit à petits grains, et souvent mal caractérisé.

Au confluent du *rif* de Marzolino, et de celui de la Sposata (désigné par *Fango* dans la Carte), la roche en place
est un eurite. Dans ce dernier ruisseau, on y voit abondam-
ment des cailloux de porphyre à base de quartz lydien compact vert et des cristaux de feldspath d'une couleur rouge
rosée. A l'eurite du confluent, succède un granit à petits
cristaux couleur lie-de-vin.

Près d'arriver à Galeria, plusieurs bergers, suivant les
usages corses, viennent nous assiéger de questions. Ils nous
invitent à aller examiner des bombes qui étaient au-dessus
du chemin de la montagne. L'expression nous paraît singu-
lière, et nous suivons ces nomades dans les makis. Des
masses considérables de rochers détachés ou en place contiennent des globes depuis la grosseur d'un œuf, jusqu'à celle
d'une grosse bombe ; ils sont pour ainsi dire comme implan-
tés, et le premier coup d'œil offre un des jolis spectacles de
la nature.

Ces globes sont de l'eurite à éléments très-petits, mais
discernables, formés par couches concentriques. Ils se trouvent, non pas en très-grand nombre, dans une pâte de même
composition, presque compacte ; cette roche est celle qu'on
a désignée sous le nom d'eurite globuleux à gros globules.
Satisfait de ces conducteurs, je leur promis de leur faire ma
visite le lendemain pour revoir des objets que la nuit déro-
bait à ma curiosité (1).

_____

(1) On a cherché en vain cette mine de fer que M. Rampasse indique à

ENVIRONS DE GALERIA. — 23 mai. — Le pays de Galeria
est l'Arabie déserte de la Corse. Le golfe est assez considérable, et c'est près de sa pointe que se trouvent plusieurs
cabanes habitées par des nomades du Niolo. Ils n'y viennent
que pour faire quelques récoltes au milieu des makis.

Ces misérables baraques sont autour d'une maison en ruine
construite sous Louis XVI par une colonie. Elles sont envi-
ronnées par un amphithéâtre de montagnes que l'on va parcourir pour la recherche d'une mine de fer et des eurites
globuleux.

On monte vers les sources du Tavolaggio en suivant le
canal que firent autrefois les colons. On aperçoit des eurites,
des porphyres à base d'eurite, et du quartz noirâtre passant
au lydien. Il est impossible de juger de l'ordre de superposition.

C'est dans un eurite très-quartzeux que se trouvait la mine
dont on vantait la puissance, et lors de l'examen on ne voit
qu'une veinule de quelques lignes d'épaisseur.

On se dirige ensuite sur les montagnes qui sont au Sud-
Ouest de Galeria. Elles sont remarquables en ce qu'elles
sont traversées par une infinité de masses rougeâtres que
l'on jugeait être l'eurite globuleux à petits globules. Nos
espérances ne se réalisent pas ; la masse principale de la
montagne est un eurite quartzeux, et ces masses rougeâtres
qui s'élèvent au-dessus comme des remparts en ruine, ne
sont que du quartz compact couleur de chair, foncé à l'exté-
rieur et jaune rougeâtre à l'intérieur. Ces espèces de murs
ou de saillies n'affectent aucune direction régulière.

---

4 milles, avant d'arriver vers le torrent de la *Sposata*. Nous avons bien de
la peine à croire qu'une couche de demi-lieue de longueur ait échappé à
nos recherches ; d'un autre côté la nature du terrain nous a suscité des
doutes sur son existence.

On descend vers le golfe de Galeria avec la fatigue que donne une course infructueuse ; pendant que ma caravane succombe au sommeil sur le rivage, je continue mes recherches vers la pointe du golfe, au Sud, jusqu'au torrent de la Sposata; on trouve dans l'ordre suivant :

1º Eurite globuleux à moyens globules, formé de couches concentriques séparables. Il se présente avec magnificence, bien encaissé verticalement dans un porphyre euritique à cristaux de quartz et de feldspath ; son épaisseur est de deux mètres dans la direction de 6^h ; soit couche ou filon, la nature ne forma rien de plus régulier. — Le ciment de ces boules est euritique, mais dans un état de décomposition tel qu'il ne ressemble plus qu'à un sable ocreux. Ces boules y existent par milliers, et on les détache avec une grande facilité ; elles sont de nature euritique.

2º Eurite blanchâtre où le feldspath forme la partie dominante.

3º Grünstein d'un gris noirâtre dur. Il est globuleux ; les boules et le ciment sont de même matière.

4º Eurite blanchâtre comme le précédent.

5º Eurite rougeâtre globuleux à petits globules. Ceux-ci se distinguent du ciment par une couleur légèrement plus foncée. Cette masse est assez puissante.

6º Eurite blanchâtre.

7º Eurite rougeâtre cloisonné, et disposition en boules allongées.

8º Eurite blanc.

9º Eurite globuleux, à très-petits globules d'une couleur jaunâtre.

10º Eurite blanchâtre.

11º Eurite très-dur, grisâtre, avec des cristaux de feldspath rose ou blanc.

12º Eurite à fond rouge pâle.

On arrive à l'embouchure de la Sposata dans la mer, et on ne voit de l'autre côté qu'un rivage sableux, couleur de vin, provenant de la trituration des roches rouges qui abondent dans ces parages.

Les roches décrites ci-dessus sont toutes dans la direction de 6h. Les *Salbandes* ou points de contact sont parfaitement placés et lisses. Ce terrain est tout couvert par des dépôts d'alluvion et d'immenses makis, et ce n'est que vers la mer qu'on peut l'étudier, sans savoir s'il se prolonge au loin.

DE GALERIA A GIROLATA. — 24 mai. — On monte vers le col de Portogliato pour traverser la chaîne qui forme un amphithéâtre autour de Galeria. Les premières roches sont de l'eurite un peu décomposé, qui prend de la consistance et passe au porphyre.

A une petite heure de Galeria, sur le sentier même, on trouve deux beaux filons d'eurite globuleux, dans la direction de 6h. Comme ils gisent dans les makis, on ne peut distinguer les *Salbandes*, et on n'aperçoit que des blocs détachés et renversés souvent sur la masse du filon en place.

Cet eurite globuleux forme des masses dures, et présente d'assez beaux globules, depuis la grosseur d'une noisette jusqu'à celle d'un décimètre de diamètre. On pourrait facilement tirer parti de cette roche. La plupart des blocs détachés formeraient un commencement d'exploitation, puis on attaquerait les filons sur les points les plus faciles de leur extraction. Comme la pente de la montagne est assez considérable, et que l'on peut commodément se débarrasser des débris, les frais ne seraient pas trop grands.

En continuant, on trouve dans la direction de 8h un gros filon d'eurite rougeâtre, ayant quelques petits cristaux de quartz et de feldspath. Un autre succède à celui-ci, mais moins puissant, et dirigé sur 5h.

On n'atteint le col de Portogliato qu'avec beaucoup de difficultés. Malgré que deux hommes fussent employés à soigner chaque mulet, on a failli en perdre au milieu des précipices qu'il faut franchir.

De ce col on descend vers le milieu de Focolare, où l'on rencontre une délicieuse fontaine. Dans ce trajet on remarque :

1º Eurite porphyroïde.

2º Eurite porphyroïde, passant insensiblement au petit granit. Il est traversé par un filon dirigé suivant 10^h 1/2 et d'une puissance de 3 mètres. C'est un eurite rouge quartzeux contenant des petits globules d'un très-petit diamètre, ayant une couleur plus foncée que la masse.

3º Eurite rougeâtre un peu décomposé, passant à l'eurite porphyroïde.

De cette fontaine, on monte vers le col de la Fuata, toujours sur les eurites porphyroïdes, tantôt rouges de chair, d'autres fois grisâtres. On découvre très bien le port et tout le pays de Girolata, qui est traversé de toutes parts par des masses qui n'affectent aucune direction. Elles s'élèvent au-dessus du sol dans les makis, comme de vieux remparts en ruine. Leur nature est l'eurite rouge de chair foncé. On y voit parfois aussi des grünsteins assez mal caractérisés, surchargés d'amphibole, et traversés de veines ou rognons de quartz.

Près de la tour Girolata existe un filon de grünstein dur, dans la direction de 9^h, incliné de 70º vers le Sud-Ouest. Il se trouve encaissé dans les eurites porphyroïdes, à petits cristaux de quartz et de feldspath. Ce filon dont la puissance est de 4 à 5 pieds, ne paraît pas s'étendre au loin.

En continuant sur les bords du golfe, au Nord, on voit dans un grünstein mal caractérisé deux autres filons d'eurite, dans la direction de 6^h et un troisième qui les traverse perpendiculairement.

Girolata, nouvelle Arabie déserte, est un chétif hameau composé de quelques baraques au bord de la mer, environné de montagnes assez élevées.

ENVIRONS DE GIROLATA. — 25 mai. — On remonte le rif de Girolata au Sud-Est de la tour de ce nom. A une demi-heure de marche, de chaque côté du ruisseau, on rencontre un gros filon d'eurite globuleux à moyens globules, vertical, dirigé suivant 7^h de la boussole, ayant une puissance variable de 5 à 7 pieds.

La haute portion qui existe sur la rive gauche semble se dégénérer en simple eurite porphyroïde, et alors le filon acquiert 7 mètres de puissance. Comme tout ce terrain est couvert par des makis, on ne peut pas voir si le porphyre globuleux s'enfonce sous les eurites porphyriques, ou s'il n'est qu'accidentel dans ces montagnes.

Ce filon ne s'élève qu'à un mètre au-dessus du sol ; et cette roche qui a plus résisté que les parties qui l'encaissent, est à son tour un peu décomposée. Les globules se détachent assez facilement du ciment, mais quand on donne quelques coups de mine, la roche est moins fendillée et plus dure. Elle peut alors être employée à toutes sortes d'ouvrages. Les blocs détachés ne paraissent point pouvoir être utilisés. La décomposition est trop avancée, ainsi que dans les crêtes du filon. Mais comme la montagne a suffisamment de pente de chaque côté du ruisseau, on peut y établir des exploitations. Je ne pense pas qu'on parvienne à tirer de ce filon des colonnes entières, à moins de faire de grands frais ; mais si le domaine de l'architecture n'en profite pas, elle aura son emploi dans la marbrerie. Cette roche est belle, et tous les objets qu'on pourra fabriquer seront toujours recherchés.

Les couleurs de cet eurite globuleux sont très variées, et son exploitation à une demi-heure de la mer, sur un terrain où l'on pourrait faire passer les chars à peu de frais, est encore une grande considération.

DE GIROLATA A CURZO. — 25 mai. — Comme nous avons surpris le lever de l'aurore dans les montagnes de Girolata, il nous reste assez de temps pour aller à Curzo. — On monte vers le col qui conduit au golfe de Tuara, sur le petit granit couleur de chair et sur l'eurite porphyroïde ayant des cristaux de quartz et de feldspath d'un rose foncé. On descend vers le golfe ; même nature de terrain, moins bien caractérisé, auquel succède un grünstein noir, et un autre filon d'eurite globuleux à très petits globules, en décomposition, et d'une couleur rougeâtre. Leur direction est sur 9ʰ.

De ce golfe on monte sur la montagne qui nous sépare du pays de Curzo. On y trouve un grand plateau vers le col. Ce trajet parcouru offre des eurites mal caractérisés, une espèce de grünstein un peu schisteux, et un granit à grains très petits.

De ce plateau pour arriver à Curzo, on traverse trois mamelons de montagnes, composés en grande partie d'une espèce de grünstein surchargé d'amphibole, traversé par beaucoup de veines ou rognons de quartz, et comme pour ainsi dire pêle-mêle avec des eurites porphyriques. C'est dans ce terrain que l'on trouve, à gauche du sentier, un peu au-dessus, un filon d'eurite globuleux à moyens globules, semblable à celui de Curzo, mais ayant peu de puissance et se perdant dans l'eurite ordinaire.

Enfin on arrive à un quart d'heure du village de ce nom, là où gît l'eurite globuleux à moyens globules, découvert par M. Mathieu. Ce filon est plus célèbre dans les écrits de cet officier qu'en réalité ; mais qui aurait pu ne décrire que le vrai au premier coup d'œil de cette roche admirable ! On se laisse facilement entraîner en contemplant des objets qui sont au-dessus de notre intelligence, et plus tard on ne voit point ces murailles, ou espèces de remparts, ni ces masses dont on pourrait tirer 8 fûts de colonne d'une seule pièce (Journal des Mines, n° 200).

La beauté de ce filon est vers le petit *rif* qui se trouve à 15 minutes de Curzo. Sa puissance est de 4 à 6 pieds et sa direction est sur 6ʰ. Il s'élève de 1 à 2 mètres au-dessus du sol ; mais il ne paraît pas sur une grande longueur. Il est vrai que ce sol est tout couvert de makis, et qu'il ne laisse point apercevoir son gisement avec satisfaction. La nature de la roche est plus dure que celle du pays de Galeria et de Girolata. Cette variété renferme aussi de petits globules interposés entre les moyens. Ce filon gît dans les amphibolites un peu schisteux, passant quelquefois au grünstein traversé par des veines et rognons de quartz. Il se trouve à 1ʰ 1/2 de la mer, et il serait assez facile de faire descendre les blocs sans de grandes dépenses.

Il n'y a aucun cours d'eau assez volumineux dans les pays de Curzo et de Girolata pour y établir des scies, mais plus tard on en fera connaître deux qui sont suffisamment abondants.

L'exploitation de l'eurite globuleux à Curzo n'offre aucune difficulté. Cette roche n'est point décomposée, même à la surface, et les premiers blocs extraits auront leur emploi.

C'est ici que finit le sol des eurites globuleux. Il reste à exprimer combien il faut regretter que les beaux-arts n'aient pas exploité cette belle roche. Depuis douze ans la découverte en a été faite, et, au milieu d'un siècle de lumières, elle est dans un entier oubli. Si les Romains l'avaient connue, ils auraient employé les grosses masses à la décoration des édifices qui devaient passer à l'immortalité, et les petites à l'ornement intérieur des maisons particulières. Ne doit-on pas les imiter dans les beaux monuments qu'ils ont laissés, et livrer au commerce de la marbrerie les débris de ces roches ? Si on faisait des cheminées, des dessus de commode, de table, de console, avec les eurites globuleux, le granit orbiculaire et le *Verde di Corsica*, on oublierait à jamais les productions de l'Italie et du Nord de l'Europe.

De Curzo a Cargese. — 26 mai. — Curzo n'est qu'un chétif hameau composé de quelques cabanes, et qui n'offre pas la moindre ressource. Après ce village, on passe par celui de Partinello qui en est peu éloigné, en marchant sur l'eurite d'un rouge pâle et renfermant des petits cristaux de quartz et de feldspath ; on descend jusqu'au ruisseau et port de Bus-saggia, qui forme une anse dans le golfe de Porto. Ce trajet n'offre qu'un granit rosé à grains moyens. (1)

Ce ruisseau peut faire tourner deux moulins, excepté dans les sécheresses. On pourrait donc, comme il se trouve dans le voisinage des eurites globuleux, l'employer au sciage de ces roches.

On trouve dans son lit des cailloux roulés de porphyre à base de quartz noirâtre lydien, ayant des cristaux de quartz gris et de feldspath d'un rosé rouge très joli.

Du ruisseau de Bussaggia, on traverse la petite colline qui nous sépare du port de Porto. On ne rencontre qu'un joli granit rose à petits cristaux. Il pourrait être employé pour la confection des colonnes des grands édifices, et sa proximité du port peut facilement en permettre l'exploitation.

(1) On a fait des recherches inutiles sur la mine de plomb indiquée à Bussaggia ; il n'existe qu'un bruit fabuleux à cet égard. On raconte qu'un berger faisant du feu au milieu de la nuit dans un makis, trouva le lende-main une masse de plomb dans son foyer. Ce berger exploita cette mine durant sa vie pour faire les balles de fusil, et à sa mort il emporta son secret. Je ne rapporte cette fable que pour faire connaître combien on doit peu s'attacher aux découvertes annoncées par les paysans.

Le ruisseau de Porto, qui s'écoule dans le golfe de ce nom, est plus volumineux que celui de Bussaggia. Il renferme comme ce dernier des cailloux du joli porphyre décrit plus haut. Comme il n'est aussi qu'à une petite distance des eurites globuleux, on doit lui donner la préférence pour scier les belles roches. L'autre n'a été indiqué que comme un surcroît de ressources.

Une chaîne de montagnes très-élevées, formant une arête vive, nous sépare du village de la Piana. On juge à son aspect qu'elle appartient à la formation primordiale. On voit des aiguilles et des pics très-aigus qui semblent former une barrière impénétrable. Comme on avait annoncé que ce passage était un des plus difficiles et des plus scabreux de la Corse, je pris le parti d'embarquer dans une chaloupe au port de Girolata toutes les provisions, les hardes et autres objets, pour les diriger au port de *Ficajola.* J'avais à regretter de ne pouvoir en faire autant des mulets, et je me demande encore comment ils sont parvenus à la Piana sans se précipiter à chaque instant.

Du golfe de Porto on arrive au pied de ces aiguilles sur un granit rosacé, et comme par enchantement on se trouve au milieu d'un cirque granitique, hérissé de pics qui ne laissent qu'une étroite ouverture du côté de la mer. En parcourant ce cirque, on a une image de chaos ; chaque point offre un tableau différent. Toutes ces aiguilles et ces masses granitiques sont cariées ; elles présentent une infinité de figures plus bizarres et plus extraordinaires les unes que les autres, et chaque position en change la forme et l'aspect. A tout instant, un nouveau tableau, une nouvelle surprise, et d'autres points de vue ; mais ces déserts seront toujours plus majestueux en réalité que dans les tableaux d'un peintre ou d'un historien.

On arrive à l'extrémité du cirque, sans pouvoir retracer

dans son imagination la route que l'on a suivie. Un défilé entre deux aiguilles se présente ; il a près de 50° d'inclinaison, et n'offre souvent qu'un espace de 2 mètres de large. Voilà le seul passage pour atteindre l'arête de la chaîne. On le désigne sous le nom de *Pas de la Scala de la Piana.* On y a effectivement arrangé des blocs de rochers qui donnent à l'ensemble quelque ressemblance avec une échelle.

On descend au village de la Piana, sur le granit rosacé, et on arrive après 10 heures de marche pour faire un trajet d'une heure et demie en projection horizontale.

On poursuit sur Cargese dans l'espoir d'y trouver quelques provisions ; tout ce terrain est granitique ; le quartz est grisâtre, le feldspath, en cristaux quelquefois allongés, est d'un beau rouge rose ; et le talc ou mica est vert ou noir.

On pourrait, sur plusieurs localités, près des bords de la mer, exploiter en grand ce joli granit. Comme il est souvent à nu, il est facile de rencontrer les positions les plus avantageuses d'après un simple examen.

DE CARGESE A LA POINTE DU GOLFE DE SAGONE. — 27 mai.— Ce bourg de Cargese, bâti sur un beau granit rosé, à cristaux allongés de feldspath, est habité par une colonie grecque. On y remarque, au port, un filon d'eurite gris foncé, dans la direction de 9ʰ. Les granits au-delà du bourg offrent encore de belles localités pour y établir des exploitations. Quels vastes champs de richesses cette île offre pour l'architecture !

En poursuivant, les cristaux de feldspath diminuent de volume et deviennent plus pâles ; ils passent ensuite en partie au grisâtre, et à un petit granit mélangé de deux couleurs. On arrive à Sagona, autrefois ville considérable, et dont il ne reste aucune trace. On continue vers les rives du Liamone, sans changer de terrain. De cette rivière à la pointe du golfe *della Liscia*, dans le golfe de Sagone, marine de Calcatoggio, on marche toujours sur un très beau granit, à grains moyens dont les cristaux de feldspath sont d'une couleur rouge rose assez bien soutenue. Nouvelles positions pour l'exploitation en grand de cette roche. (1)

DE LA POINTE DU GOLFE DELLA LISCIA A AJACCIO. — 28 mai. — Pour arriver à Ajaccio, on trouve trois chaînons de montagnes qui descendent vers la mer. On atteint l'arête du premier à la Chapelle de St-Sébastien, et successivement le faîte du deuxième qui est moins élevé que le précédent. Le terrain est granitique, à grains moyens et de couleur rose. Au troisième col, on distingue parfaitement bien Ajaccio, son golfe et ses environs. On entre dans ses murs après deux heures de marche sur le même granit que précédemment, mélangé quelquefois de quelques lamelles d'épidote.

D'AJACCIO A Ste-MARIE D'ORNANO. — 1er Juin. — On chemine vers l'Est d'Ajaccio, en traversant le ruisseau de Gravona, dans la plaine de Campo dell'Oro, où Cérès répand ses richesses avec une espèce de profusion. Le terrain est tout granitique en partie décomposé. Ce granit est à moyens cristaux, à feldspath rose rouge, et mica verdâtre.

Vient ensuite le torrent de la Secchia ou de Prunelli, qui ne présente dans son lit que des cailloux de granit grisâtre

---

(1) Pendant qu'on dressait les tentes pour le bivouac, j'ai fait quelques courses aux environs de la marine de Calcataggio. Le granit est ici tantôt gris, tantôt rosé, à moyens cristaux. J'ai trouvé dans ce granit un assez joli filon de quartz blanc, vertical et dirigé entre 7 et 8h. Ce filon renferme lui même des veines parallèles de granit de la masse qui ont un pouce d'épaisseur. Les salbandes de ce filon granitique, comme la masse générale, sont feuilletées sur 3 à 4 pouces de large, quelquefois un pied, et contenant à leur tour des veines de quartz.

ou rouge. On monte insensiblement au travers des terres et des makis, et on arrive au bas d'une vieille église, ruines du couvent ou séminaire de Cauro.

On continue toujours sur le même granit, qui n'offre rien d'intéressant jusqu'au village de ce nom. Cette roche est grise, quelquefois un peu rosée à petits grains, mais décomposée à la surface. Elle renferme souvent de l'épidote vert. De Cauro au col St-Georges, le granit devient plus rosé rouge et les cristaux plus gros. Ce col est à une trop grande distance de la mer pour qu'on puisse jamais tirer parti de son intéressant granit.

De ce point on descend sur Ste-Marie, dans le canton d'Ornano. Les granits sont toujours gris et roses ; on y voit souvent des masses d'eurite porphyroïde et du grünstein passant à la siénite ; mais on ne peut voir d'une manière positive la nature du gisement. On ne remarque qu'un seul filon bien régulier d'un pied de puissance dirigé sur 3ʰ.

Lorsque le granit est très décomposé, et que le feldspath est partie dominante, les montagnes ont un aspect blanchâtre. Vainement on y cherche le kaolin en couches ou veines, on n'en trouve jamais que de légères traces dans ces granits. Comme ils ne renferment jamais de couches en grandes masses de feldspath pur, il y a lieu de penser qu'il est étranger au sol de l'Ile.

DE Ste-MARIE A OLMETO. — 2 juin. — Du village de Ste-Marie on descend jusqu'au pont de Taravo. Le granit est d'abord gris, à mica et à amphibole noirs ; puis il devient rosé, et le mica verdâtre. Au pont de Taravo, cette roche est à la fois grise et rosée, et le mica ou l'amphibole d'un noir bien décidé. Ce granit serait très joli en architecture, et ce mélange de couleurs le ferait rechercher, s'il n'était pas à une grande distance de la mer. Il est à présumer néanmoins que ce gisement doit s'étendre jusqu'au rivage ; mais il n'a pas été possible de vérifier cette hypothèse.

On traverse ensuite un autre petit ruisseau, qui se jette dans le Taravo, puis on fait une raide montée pour arriver au village de Petreto. Vers l'église, gît un porphyre à base d'eurite, contenant des cristaux de feldspath rouge de chair foncé ; cette roche est parfois herborisée et se trouve au milieu des granits dans la direction de 3^h.

On monte enfin au col de Cillaccia, en passant par Casalabriva ; on voit :

1º Un filon de grünstein surchargé d'amphibole ;

2º Un granit contenant accidentellement de l'épidote vert clair, ce qui donne un joli aspect ;

3º D'autres filons de grünstein ;

4º Un granit rosé qui semble être stratifié dans la direction de 12^h, mais sur une petite étendue ;

5º Du grünstein sur 4 pieds d'épaisseur dans la direction de midi.

Du col de Cillaccia, on descend vers le village d'Olmeto, en ne trouvant que du granit entrecoupé par des masses de grünstein assez considérables passant quelquefois à la siénite.

ENVIRONS D'OLMETO. — 3 juin. — Les environs d'Olmeto renferment des masses d'amphibolites au milieu des granits. Elles se trouvent immédiatement au-dessus du village, en place et en gros blocs détachés; mais comme le terrain est presque tout cultivé, on ne peut pas distinguer la nature du gisement. Il est vraisemblable que ces amphibolites forment une couche ou filon subordonné au granit qui les recèle.

Dans ces roches, l'amphibole y est souvent à longs cristaux dans un feldspath ; d'autres fois, à grains assez gros, devenant ensuite presque indiscernables. La première de ces variétés est belle. Elle renferme parfois de petits cristaux de titane oxydé. Sa couleur blanche et noire me la fait proposer comme pierre de deuil, et je ne pense pas qu'elle puisse avoir un plus bel emploi que pour les mausolées et les tombeaux, sans la rendre étrangère cependant aux ouvrages de la marbrerie.

Au-dessous du village d'Olmeto, se précipite de cascade en cascade le ruisseau d'Olmeto, qui est à peine éloigné de ces roches amphibolites d'une petite portée de fusil. Son volume est assez considérable pour faire tourner des moulins à scier.

Ces roches variées à l'infini par l'amphibole sont souvent réunies dans un petit espace. Comme elles renferment presque toujours du quartz à la manière des granits, on pourrait peut-être les regarder comme des granits siénitiques dans lesquels la cristallisation de l'amphibole aurait eu le plus grand développement.

D'OLMETO A SARTENE. — 3 juin. — On descend vers le golfe de Valinco sur un granit blanchâtre et rosé, parsemé quelquefois d'un peu d'épidote. Vers l'embouchure du ruisseau de Baraci, on remonte pendant un quart d'heure sur la rive gauche pour aller examiner les eaux thermales qui existent près d'une petite baraque. On traverse ensuite le petit monticule qui nous sépare du ruisseau de Tallano (Valinco ou Tavaria, sur la carte), en remarquant :

1o Du grünstein, auquel succède un granit à grains très fins, puis à gros grains rosés, mais toujours décomposé ;

2o Granit à grands cristaux gris rosé, à mica noir. Ses masses isolées sont souvent cariées.

3o Même granit dans lequel le mica est presque entièrement remplacé par l'amphibole.

4o Autre granit, au lieu dit Ste-Julie, dans lequel le feldspath a la couleur du corail ; le mica est verdâtre.

Du ruisseau de Tallano à Sartene, on monte constamment sur un terrain granitique de couleur grise ou rosée.

De Sartene a Levie. — 3 juin. — En sortant des murs de Sartene, on ne voit qu'un granit gris et rose pâle, à grands cristaux, ayant du mica et de l'amphibole noirs ; le premier est quelquefois verdâtre. En général, lorsque le feldspath des granits est rosé ou rouge, le mica ou le talc n'a qu'une couleur verte, tandis que lorsqu'il est gris, le mica ou le talc prend une teinte plus ou moins noire.

Au village de Granace, se présente un granit dans lequel on ne distingue pas de quartz ; le feldspath est d'un rose de chair foncé, et le talc mélangé de chlorite a une couleur verte assez prononcée.

On monte vers le col de l'Olmiccia, en traversant un assez long vallon et le ruisseau Fiumicicoli. Ce pays est en culture ou couvert de makis et laisse très peu de roches à nu. On est obligé de juger de la nature de son sol par les blocs de roches épars sur les terres, qui sont de granit à moyens cristaux, ayant parfois des lamelles d'épidote.

Le col d'Olmiccia est granitique. Cette roche en partie décomposée est à grands cristaux de feldspath rose, renfermant parfois des masses de grünstein.

On entre dans le pays de Tallano (Olmiccia, Ste-Lucie, Poggio, etc.), qui est agréablement placé au milieu de petits bois d'olivier. On continue vers le col où se trouve la Chapelle St-Roch. On y rencontre la belle roche de granit siénitique semblable à celle d'Olmeto, ayant de longs cristaux d'amphibole dans un fond blanc feldspathique.

De cette chapelle, on se dirige vers le petit village de Mela, qu'on laisse à droite. La nature du terrain est granitique, entrecoupé par des masses de grünstein dont on ne peut déterminer le gisement.

Jusqu'à Levie on ne voit que granit à petits grains, et confusément mélangé avec des eurites et du grünstein. On y remarque également des masses en place d'amphibole très lamelleux à grandes lames, avec feldspath gris blanchâtre. Ce pays, tout couvert de makis, s'oppose à ce qu'on puisse saisir la direction qu'affectent ces roches. Les granits ont paru quelquefois divisés par des joints dans la direction de 2^h.

En sortant de Levie on voit un granit à moyens grains, d'un gris rosé ; le mica est noir ou verdâtre.

De Levie aux Baraques du Mont Asinao. — 5 juin. —

Près de ce village, sur le petit plateau de Paragino, existe en abondance la roche proposée pour les mausolées ou tombeaux ; le granit siénitique à longs cristaux d'amphibole noir, tout à fait semblable à ceux décrits précédemment. Les murs de clôture en sont en partie construits, et la roche a été extraite d'un makis qui est à droite du chemin. Comme ces blocs et les masses sont circonscrits dans un petit périmètre et qu'ensuite le terrain est tout granitique, il faut en conclure que leur lieu natal est dans les makis, et que leur véritable gisement, par rapport à la masse du terrain, reste encore indéterminé.

On chemine vers Zonza, et bientôt on voit un superbe amphithéâtre de montagnes. Les aiguilles granitiques s'élèvent majestueusement dans les airs. D'une part, à droite en montant, c'est la chaîne de *Bavella,* et de l'autre, à gauche, les montagnes s'appellent *Coscione.* Elles sont séparées par un col au pied duquel se trouvent les baraques d'*Asinao.*

On sent déjà cette aimable fraîcheur des hautes montagnes, et elle est d'autant plus précieuse que nous avions été abîmés par les excessives chaleurs du littoral.

On laisse *Zonza* à droite, puis on se rend aux baraques,

toujours sur le granit à moyens grains. Il n'offre rien de remarquable jusqu'à notre destination.

Ces baraques se trouvent au milieu des décombres des montagnes, au milieu des blocs de rochers plus volumineux qu'elles, en sorte qu'on les cherche encore lorsqu'on est au milieu de ces misérables réduits.

Le mont d'*Incudine* est au Nord-Ouest et le mont d'*Asinao* à l'Est. On se dirige vers ce dernier dont la base est granitique ; plus haut on trouve des grès bien caractérisés en couches verticales dans la direction de 4^h ; sur le sommet un calcaire compacte coquillier succède à cette formation, aussi en couches verticales, dans la direction de 3^h. Vient ensuite le granit qui paraît stratifié comme ces roches. Déjà on croit être en Norvège, mais la nuit nous surprend au milieu de ces masses problématiques, et nous gagnons en toute hâte notre chaumière. Nous nous rappellerons toujours avec plaisir les charmes que Morphée nous fit éprouver dans la loge habitée la veille par plusieurs familles de petits porcs.

Mon plan de campagne, qu'on me passe l'expression, était fait avant le lever de l'aurore ; ma caravane est distribuée sur tous les points de la montagne, et elle atteint les pics les plus élevés du Midi de l'Ile, en même temps que les premiers rayons du soleil.

Mon adjoint avait des guides, et se dirige sur le mont d'*Incudine*, (ainsi nommé à cause de la ressemblance avec une enclume), à l'effet d'examiner la nature de la montagne qui est sur la rive droite de la *Rizzanese*. Ils parviennent au col de cette montagne avec des peines incroyables. Ils passent ensuite sur le pic le plus élevé ; mais pour atteindre la *Bocca d'Asinao,* appelée aussi *Serra de l'Arena,* il faut descendre vers l'Ouest pour remonter avec des peines non moins grandes. Dans tout ce trajet on ne trouve que du granit fort ordinaire, à moyens grains, à mica noir ou verdâtre foncé.

En même temps, mon chef mineur longe la même chaîne à mi-côte, et il n'apporte que du granit tout à fait semblable à celui des sommités.

Enfin j'explore moi-même toute la montagne que l'on voit sur la rive gauche, et qui la veille m'avait offert tant de sujets de méditations.

Je suis, en montant cette rive, à peu de distance des sources de la *Rizzanese*. Je ne trouve que du granit composé de quartz vitreux et de feldspath blanchâtre, presque toujours sans talc et jamais de mica. On trouve sur ces granits beaucoup de grès roulés ou en fragments anguleux. La direction de cette gorge est suivant 4h 1/2 et elle continue ainsi de l'autre côté du col.

Je remarque que les montagnes de la rive droite sont nues, escarpées et toutes pelées, tandis que celles de la gauche sont moins inclinées et couvertes de pelouses.

Je prends à droite, presque perpendiculairement à la direction de la gorge, et je ne trouve jamais qu'un granit très quartzeux, sans talc ou mica. Sur la hauteur, au versant des eaux, commence le grès feuilleté, dirigé suivant 4 heures, en couches verticales quelquefois légèrement inclinées. Je parcours toute la montagne en coupant les couches ; tantôt je remarque du grès ordinaire, et d'autres fois à minces feuillets avec les mêmes directions et inclinaisons. Le calcaire paraît aussi bien stratifié verticalement et dans la direction de 3h ; il arrive en pointe ou en forme de coin, et il se perd ensuite dans les grès. Après ce calcaire compacte et coquillier, on voit de la manière la plus distincte du granit ordinaire, contenant peu de talc. C'est sur cette ligne de jonction des deux roches qu'il faut venir jouir d'un autre genre de spectacle. On ne voit de toutes parts qu'un grand nombre d'aiguilles et de pyramides granitiques. La vue se repose et se perd dans ces abîmes et dans ces gouffres. C'est

encore une nouvelle image du chaos. Ces déserts arides ins-
pirent l'effroi et l'admiration ; on les quitte avec regret et
avec plaisir, car on éprouve ici toujours deux sensations
opposées.

Je continue de couper les couches de grès et de calcaire,
toujours verticales, et quand elles sont inclinées, ce n'est que
par accident. J'arrive à l'extrémité de ce calcaire, en ne voyant
au milieu des granits de toutes parts (qui paraissent être
stratifiés sur 3ʰ du côté de l'Est), qu'une formation secondaire en couches disposées comme dans le terrain primitif
et encaissé dans celui-ci d'une manière assez évidente. Ce
qui conforte encore l'opinion que ces terrains doivent être
contemporains, c'est que les granits ne contiennent que peu
ou point de talc ou mica, et qu'ils n'ont pas de caractère de
primordialité.

Un seul éboulement à l'extrémité du grand coin du calcaire
vient me tirer de mes erreurs. On voit dans ce lieu que ce
calcaire repose bien sur le granit, et il faut considérer alors
l'espace occupé par la formation secondaire, comme une
grande fente remplie de grès et de calcaire ; mais comment
se fait-il que ces roches existent à une si grande hauteur et
en couches verticales ?

DES BARAQUES D'ASINAO A QUENZA. — 6 juin. — On suit
pendant deux heures le sentier de la veille, et puis on se
dirige à droite, en longeant la chaîne des montagnes de
Coscione. On arrive au village de Quenza toujours sur le
granit gris ou rosé, à mica noir ou talc verdâtre ; on y
remarque quelquefois des lamelles ou enduits d'epidote
vert-clair.

Après avoir fait quelques pas au-dessous du village, on
voit un granit assez joli ; le feldspath est rose, le quartz gris
et le talc verdâtre.

De Quenza a Ste-Lucie de Tallano. — 7 juin. — On trouve la *Rizzanese*, puis on arrive à *Paragino* ; on se dirige sur la droite pour ne plus repasser par Levie.

Jusqu'à *Mela* on voit en grande quantité et en plusieurs localités la pierre de deuil, la même qu'à *Paragino* et à Olmeto. Comme tout le pays est couvert de makis, il est impossible de déterminer son gisement. Cependant on a la certitude qu'elle gît dans les lieux où elle se trouve ou dans le voisinage, car les blocs ou masses sont anguleux.

Avec de simples tranchées on trouvera ces granits siénitiques toutes les fois qu'on voudra. Comme cette roche n'est qu'à 3/4 d'heure de la Rizzanese, elle pourrait encore être sciée sur ce torrent ; puis les objets fabriqués seraient transportés à dos de mulet jusqu'à la mer.

De Mela à Ste-Lucie, on suit le sentier de l'avant-veille sans faire de nouvelles observations.

Courses aux Granits Orbiculaires et sur toutes les Montagnes de Ste-Lucie de Tallano. — 8-9 juin. — De ce dernier village on arrive à *Compolaio*, lieu natal de la plus belle roche, par deux sentiers. On peut remonter jusqu'à la chapelle de St-Roch, puis cotoyer à droite, ou bien s'élever sur la montagne qui est au Sud de Ste-Lucie et descendre jusqu'au tiers du revers, sur le *Fiumicicoli*, qui se jette plus bas dans la *Rizzanese*. Dans le premier trajet, on rencontre des masses considérables d'un granit assez joli ; le feldspath est d'un rouge de corail bien prononcé.

Nous entrons dans la terre promise de la géologie ! Que de beautés concentrées sur un seul point ! Que de richesses dans ces nouveaux Elysées ! Volontiers on y passerait sa vie à contempler ces masses énigmatiques. La nature ne forma jamais de tableau plus séduisant que celui du granit globuleux, et ce monument sera toujours cher aux amis de la science et aux géologues.

Ce granit est connu dans tous les pays, et jusqu'ici il n'existe pas une seule note exacte sur son gisement. J'ai fait tous mes efforts pour en étudier toutes les circonstances, et les nombreuses courses que ma caravane et moi avons faites sur toutes les montagnes me permettent, je pense, d'émettre une opinion sur ce gîte intéressant.

Toutes les montagnes du pays de Tallano sont granitiques, à gros grains ou cristaux plus ou moins rosés dans le feldspath. Comme elles sont couvertes de makis ou de terre végétale, l'étude en devient très difficile, et on ne peut préciser comment y gisent, au milieu des granits, les roches amphiboliques que l'on rencontre à chaque instant. Existent-elles pêle-mêle en grandes masses, ou bien forment-elles des couches ou des filons ? En jugeant par analogie avec les autres terrains de la Corse, cette dernière assertion serait la plus admissible ; en considérant ces amphibolites comme subordonnées aux terrains granitiques, on rencontre en quelque sorte la plupart des associations que l'amphibole forme avec le feldspath. Ainsi, on a :

1o Une roche composée de longs et gros cristaux d'amphibole d'un beau noir dans un feldspath blanchâtre ;

2o La même roche dans laquelle les cristaux d'amphibole diminuent de volume jusqu'à devenir aciculaires.

3o Le granit siénitique à gros et petits grains.

4o Enfin le mélange des deux éléments à très petits grains, et formant alors le véritable grünstein ou la diabase.

Toutes ces roches, et même le granit orbiculaire, renferment assez habituellement des grains ou petits cristaux de pyrite.

Revenons à la belle roche de granit globuleux ; elle est essentiellement composée d'amphibole et de feldspath, tantôt à parties visibles, et tantôt à éléments indiscernables. Le nom de granit ne lui convient nullement, tant par sa composition, que par la nature de son gisement. On devrait le remplacer par celui de grünstein ou amphibolite globuleux ou orbiculaire. J'insiste peu cependant sur ce changement puisque cette roche n'existe que sur un seul point du globe, et que la conservation du nom primitif est en quelque sorte un hommage rendu à la mémoire de l'inventeur.

Près du granit orbiculaire, on voit les restes d'une baraque construite d'après les ordres du général Morand, où logeaient quelques militaires pour la conservation de cette précieuse roche. Immédiatement au-dessous, on trouve le granit globuleux blanc (3e variété) de 3 pouces environ de diamètre. Il n'est en quelque sorte ici que pour faire ressortir la beauté des autres. La masse en place a 5m 02 de large sur 2m 05 de longueur et 3 mètres de hauteur en saillie au-dessus du sol.

La 2e variété, la plus belle des trois, a des orbes de deux pouces environ de diamètre, à cercles concentriques de feldspath blanc et d'amphibole noir bien prononcés. Elle forme deux masses dont une touche à la 3e variété. La première a 5m 02 de large, 2m de longueur et 3m de hauteur en saillie ; la deuxième 5m 02 de large, 3m de longueur, sur 5m 02 de largeur.

Enfin le gisement visible finit par la première variété de ce granit, à petits globules d'amphibole et de feldspath peu prononcés, ayant de 3 lignes à un pouce de diamètre. Cette dernière masse a 5m 02 de large, sur 1m de longueur. Elle n'est point en saillie comme les précédentes. Dans le principe elle était couverte de terre, et maintenant elle est à 2 pieds au-dessus du sol.

Il y a bien encore une sixième masse de granit de la 3e variété, appliquée contre les nos 1 et 2, de 4m 05 de longueur, sur 0m 08 de large ; mais je ne la crois pas en place.

Tout autour de la baraque, vers les lieux XX (*sic*), on trouve des blocs isolés de granit de la troisième variété et sur une surface de près de 400 mètres ; mais nulle part il n'y est en place ; les orbes y sont bien visibles et disposés d'une manière assez régulière. Il n'en est pas ainsi dans la deuxième variété. Dans les masses n°s 2 et 3 il y a des places sans globules, et la roche n'offre plus qu'une amphibolite à petits grains.

On trouve encore autour de la baraque, une association d'amphibole et de feldspath ; mais celui-ci est dominant. Elle affecte des formes globuleuses et on pourrait dire que c'est la variété troisième à très petits orbes ; on ne la rencontre qu'en blocs isolés.

D'après cette exposition et le tracé exact que j'ai fait de ce gisement, on ne peut voir dans ce granit qu'une couche ou un filon qui serait dans la direction de 2^h ; elle aurait 5^m 02 de large, sur 14^m 05 de longueur visible. Les parties inférieures et supérieures étant couvertes par le sol végétal et les makis donnent l'espoir qu'elles ne sont point les limites de cette couche. Les deux *salbandes* sont parfaitement parallèles. Nulle part les masses de granit orbiculaire ne sont adhérentes par leur base au granit gris, et au contraire elles paraissent s'enfoncer. La masse n° 5 conforte assez bien cette observation, puisqu'elle paraît faire corps avec la montagne.

En considérant le granit orbiculaire comme formant une couche de 5^m 02 d'épaisseur, je suis en opposition avec son inventeur. On trouvera peut-être extraordinaire qu'une seule couche renferme trois variétés de globules ; mais je dois rappeler que dans les roches d'amphibole subordonnées aux granits, on trouve souvent dans un petit espace les amphibolites variées à l'infini et les diabases passant même aux aphanites. On voit souvent dans une masse granitique de grands et de petits cristaux des parties plus tenaces et mieux cristallisées que d'autres, un des éléments abonder dans une partie et manquer dans l'autre, etc. La force de cristallisation a joué un grand rôle, et son étude fait disparaître bien des difficultés qu'on résoudrait difficilement dans un laboratoire.

Deux mois d'exploitation donneraient des idées bien positives sur une roche que chaque nation voudrait posséder sur son sol. Les travaux de recherches et d'exploitation seraient d'autant plus faciles que la montagne a de 25° à 40° d'inclinaison, et que la couche est dirigée sur la ligne de plus grande pente. Tout ce qu'il y aurait à craindre, à mon avis, c'est que le granit dégénère en amphibolite ordinaire ; mais je dois dire cependant que cette crainte n'est fondée sur aucun résultat d'observation locale.

Les masses de la belle variété sont tantôt saines et bien franches, et d'autres fois fendillées, sans doute parce que ces roches ont toujours été exposées aux injures de toutes les saisons. Ce qui fait croire que ce granit doit être sain partout dans l'intérieur, c'est son grand degré de dureté. Toute la crête de la couche est de 2 à 3m plus élevée que le sol environnant.

Cette roche exploitée peut être transportée sur des traîneaux particuliers jusqu'au ruisseau de *Fiumicicoli*, dont elle est peu éloignée. Là on peut établir des scies et faire toutes sortes d'objets précieux avec le granit orbiculaire, tels que cheminées, dessus de commodes, de consoles, de tables, urnes, porte-pendules, etc. Le transport des pièces confectionnées, jusqu'à la mer, ne serait pas bien dispendieux.

Le terrain occupé par le granit orbiculaire appartient à M. Marcalione-Ortoli, propriétaire à Olmiccia.

Cette localité renferme encore beaucoup de roches amphiboliques, et toutes les variétés annoncées plus haut se trouvent réunies dans un petit espace. Près de là nous avons décrit un fort joli granit, dont le feldspath est rouge de corail. Sur la route d'Olmiccia aux bains de Tallano, nous en avons trouvé des masses encore plus considérables ; ces nouvelles richesses seraient de nouvelles ressources pour les ateliers construits sur le *Fiumicicoli*. Elles se disputent à l'envi la gloire de concourir à l'embellissement des arts.

Les recherches que nous avons faites sur toutes les montagnes de Ste-Lucie n'ont point mis à jour de nouvelles couches de granit orbiculaire ; mais il ne faudrait point inférer de là qu'il n'y en a pas d'autre. Toutes ces montagnes sont couvertes de makis et de broussailles, et les roches, d'un lichen très épais. Les découvertes sont très difficiles et on ne les doit souvent qu'au hasard. Ainsi, au gisement de Compolaio, on ne voit des globules que dans la 3e variété et sur une face de la masse n° 2 ; tout le reste est enveloppé dans le lichen. C'est sans doute à cette face déchirée que l'on doit la découverte de la plus belle des roches connues.

DE Ste-LUCIE A SARTENE. — 9 juin. — De retour à Ste-Lucie, on descend à Olmiccia, puis aux bains de Tallano ; on trouve ce beau granit couleur de corail en masses considérables dont on a déjà parlé par anticipation.

Les eaux thermales de Tallano sont situées sur la rive gauche de Fiumicicoli, à 1 heure de Ste-Lucie, près des moulins de M. Giacomoni.

Après les bains, on va rejoindre la route de Sartene, et on rentre dans cette ville en parcourant une seconde fois un terrain déjà décrit qui n'a présenté aucune nouvelle observation.

ENVIRONS DE SARTENE. — 10 juin. — Sur les routes d'Olmeto, de Tallano et de Bonifacio qui aboutissent à Sartene, ou pour mieux s'exprimer, dans le rayon d'une lieue autour de cette ville, on trouve dans les granits un assez grand nombre de veines, dans toutes sortes de directions et d'inclinaisons, d'une roche particulière. Ses éléments sont le feldspath rose de chair pâle et le quartz vitreux grisâtre. Quelques-unes de ces veines sont en tout ou en partie de granit graphique ou hébraïque, plus ou moins bien caractérisé ; mais en général la belle variété y est fort rare. Le plus souvent ces deux éléments ne composent qu'une roche insignifiante, attendu qu'il n'y a aucune symétrie ou régularité dans les parties constituantes. Ces veines gisent dans les granits à mica noir ou verdâtre. Elles n'ont jamais paru bien étendues.

De Sartene a Caldarello. — 11 juin. — De Sartene à la *Bocca Suara* on ne voit que du granit gris ; mais à ce col il devient rosé ; le talc y est verdâtre.

On descend vers le ruisseau d'*Ortolo*, en partie au travers d'une forêt de chênes-verts ; même nature de granit qu'à la *Bocca Suara.*

On chemine vers le col de *Croce d'Albitro.* On rencontre toujours le même granit que précédemment, d'abord à moyens cristaux, puis à très petits grains. Au quart de la hauteur de la montagne, on aperçoit des masses de granit qui ont paru stratifiées verticalement et dans la direction de 3ʰ.

Du col on descend sur le village de *Monacia,* et au granit à petits grains succède l'eurite, traversés l'un et l'autre par des masses de diabase. Comme ce village est malsain, il n'y avait déjà plus d'habitants ; il a fallu se retirer sur le hameau de Caldarello, bâti seulement depuis quelques années. Tout le terrain compris entre ces deux villages est de granit, et le feldspath y est toujours avec une teinte rougeâtre.

De Caldarello a Bonifacio. — 12 juin. — De Caldarello

jusqu'à 1 heure de Bonifacio, tout le sol est granitique, à gros cristaux rosés, traversé parfois par la diabase. Il y a souvent des masses isolées de ce granit auxquelles le temps a donné une forme arrondie et bizarre, avec toutes sortes de caries. Ce pays n'est pour ainsi dire qu'une plaine assez grande couverte de makis, et entrecoupée par des mamelons d'un granit qui a résisté plus longtemps aux injures des siècles.

On entre dans la formation calcaire, qui s'étend jusque dans l'enceinte de Bonifacio. Elle commence au golfe de *Paragnano* et finit à celui de *Santa-Manza*, non compris le cap de ce nom qui est granitique.

, Ce calcaire est en couches horizontales peu épaisses, rarement de plus de 1 à 2 décimètres. Il est généralement d'un blanc légèrement grisâtre, à gros grains, devenant pulvérulent, et se faisant remarquer de fort loin dans cet état sableux blanchâtre. Il renferme beaucoup de coquillages, surtout vers les parties escarpées, du côté de la mer. Ces coquilles conservent encore parfois des parties d'écailles qui n'ont pas passé à l'état de carbonate de chaux. Elles renferment dans leur intérieur du sable ou gravier de roches primitives. C'est principalement dans les parties décomposées de ce calcaire qu'il faut aller récolter des oursins, des huîtres, etc., bien conservés. Cette roche forme des plateaux bien nivelés qui s'élèvent à 60 mètres au-dessus de la mer.

Le port de Bonifacio est creusé dans ce calcaire taillé à pic, et plus ordinairement en surplomb. Comme sa destruction est assez prompte, une portion de Bonifacio est, pour ainsi dire, suspendue au-dessus de la mer.

Ce calcaire est de formation très-récente, il repose sur le granit, et cette superposition est visible sur plusieurs points du rivage. Il renferme quelques grottes dans lesquelles on peut entrer avec une chaloupe.

Voyage aux Iles de Lavezzi et de San-Bainzo. — 13 juin.
— On s'embarque au port de Bonifacio, et après avoir traversé
cette espèce de Manche, on entre dans le canal ou pleine
mer.

Dans 3/4 d'heure de navigation, la mer devient orageuse
et nous prenons terre à l'île de Lavezzi, à l'Est-Sud-Est du
point de départ. Nous parcourons cette île dans tous les
détails. Nous ne trouvons point la colonne romaine qui est
indiquée dans l'instruction du Gouvernement. Le sol est granitique, à moyens grains, à mica ou amphibole noir. Les
masses sont souvent entassées en désordre, et forment des
mamelons dans l'île de Lavezzi. Elles ont des formes arrondies assez bizarres comme celles que nous avons rencontrées
ailleurs, preuve incontestable que le temps arrondit les masses
comme le roulement par les eaux et autres causes.

Le temps devient calme et nous passons à l'île de San-
Bainzo, qui se trouve entre les îles de Lavezzi et de Cavallo.
La première n'a que fort peu de largeur, et ne forme, pour
ainsi dire, qu'une grosse masse allongée bien saine, de granit
gris, à mica ou amphibole noir. C'est ici que l'on trouve la
colonne ébauchée par les Romains ; elle a 8m 78 de longueur,
1m 24 de diamètre inférieur, et 1m de diamètre supérieur.

Cette colonne est à 9 mètres du lieu qu'elle occupait dans
la carrière ; elle est endommagée vers les 2/3 de sa hauteur,
en sorte que si on voulait la terminer, on ne pourrait lui
conserver son diamètre actuel.

Près de là on voit comme une espèce de meule de moulin,
un cylindre raccourci à bases planes, très bien ébauché. Son
diamètre est de 2m 75 et sa hauteur de 0m 45. Comme ces
granits renferment des nœuds de grünstein de la grosseur
d'un œuf ou d'une noix, et qui résistent plus que la masse,
nous avons remarqué les saillies de ces nœuds tant sur la
colonne que sur le cylindre. Ils remontent donc à la même

6

époque. Quel pouvait être l'usage de ce dernier reste ? Ses grandes dimensions le rendent étranger à une base de colonne, comme à une pierre de moulin de ce temps.

Dans ce même lieu on trouve encore : 1o une autre colonne ébauchée, un peu informe, longueur 4m 60 ; diamètre inférieur 0m 70 ; diamètre supérieur 0m 50 ; — 2o des portions de fût de 0m 66 à 1m de longueur, sur 0m 70 de diamètre. Elles sont régulièrement ébauchées, et il y a lieu de penser que ce sont des bouts coupés ou cassés.

Partout on voit des traces d'une ancienne exploitation, beaucoup de débris, de fragments et de longues masses cylindriques auxquelles il manquerait quelque chose en longueur ou épaisseur pour faire des colonnes.

Ce premier chantier a été exploité sur 32m de long ; la largeur faisait la longueur des colonnes. On en voit un deuxième qui n'est séparé du premier que par un massif ou pilier qui restait à exploiter. Il est moins grand que le premier, et se trouve vis-à-vis de l'endroit où l'on embarquait ce qui devait résister à tant de siècles. On remarque dans ce deuxième chantier un bout de fût de colonne de 1m 03 de long, tout couvert de lichen de couleur de rouille, et un chapiteau ébauché.

L'exploitation avait lieu dans ces temps reculés comme on la ferait aujourd'hui. Après avoir pratiqué et façonné la première entaille, on faisait une coupure longitudinale dans le rocher de 0m 01 de large, puis on y introduisait des coins de bois sec qu'on imbibait d'eau. Les masses détachées n'avaient plus besoin que d'être arrondies pour faire les fûts. Il existe encore trois de ces coupures, deux dans le premier chantier, et une troisième dans le second.

On distingue aussi parfaitement bien la route que l'on faisait suivre à une colonne avant de l'embarquer ; elle est au Nord de la carrière. Une pierre verticale servait à amarrer les bâtiments, et on voit de la manière la plus distincte la partie rongée par le câble sur le côté opposé à la mer.

Du lieu d'embarcation à la carrière il n'y avait qu'une distance de 60 à 100 pas. Les parties creuses avaient été comblées par des débris pour n'avoir qu'une pente légère et uniforme pour le transport. En un mot ces ateliers sont dans un état de conservation parfaite, et comme les rainures pour l'abatage des colonnes sont bien nettes, il semble que ces chantiers soient encore habités par des Romains que l'on vient surprendre avant l'heure de leur travail : on ne peut se défendre de cette douce illusion.

On avait proposé de faire transporter le principal fût à Paris. Je ne saurais partager cette opinion. Ces restes sont un précieux monument dans l'île de San-Bainzo, et dans la capitale ils ne peuvent intéresser. Ne vaudrait-il pas mieux continuer les travaux d'une nation qui fera toujours notre admiration ?

Pendant qu'avec un saint respect je me promenais dans cet îlot, ma caravane faisait la chasse aux goëlands avec succès, et nous oubliions que nous étions menacés d'une horrible tempête. Nous nous embarquons avec le regret de ne pouvoir visiter l'île de Cavallo, qui nous garantit pendant longtemps de l'orage. Nous abandonnons ensuite notre chaloupe au gré du vent, qui nous porte vers le Nord-Ouest sur le cap de Santa-Manza. Bientôt elle devait disparaître sous les flots, lorsque mon adjoint passe au gouvernail, place tous mes gens du côté de la vague, qui venait ensuite se briser sur leurs épaules, suit tout le corps, redescend dans la mer, et n'entre plus que par portion dans la chaloupe. Pour ne point gêner les marins, et pour me soustraire à la vue de cet horrible spectacle, on me place brusquement dans le caisson de notre frêle équipage. J'ai à peine le temps de jeter un regard sur ma patrie, trop convaincu que j'allais rejoindre les Romains dont je venais d'admirer les travaux. Nous échappons enfin miraculeusement au danger par les manœuvres hardies de mon adjoint, et après avoir témoigné notre reconnaissance à celui qui venait de nous sauver la vie, nous rentrons avec la nuit dans le bourg de Bonifacio.

DE BONIFACIO A PORTO-VECCHIO. — 14 juin. — On prend la route de Portovecchio ; on marche pendant une bonne heure sur le calcaire de Bonifacio, puis on rentre dans la formation granitique. Le granit à petits cristaux renferme très-souvent des couches subordonnées assez puissantes de porphyre euritique. On trouve aussi parfois des petites couches ou veines de grünstein qui a une tendance à la forme globuleuse. Ce trajet s'effectue dans de petits vallons, tous couverts de makis. On arrive aux salines de Portovecchio, puis on monte vers le bourg.

DE PORTOVECCHIO A L'OSPEDALE. — 15 Juin. — La montagne de l'Ospedale est au Nord-Ouest du bourg de Portovecchio. On prend la route de Quenza, on traverse une plaine de makis pendant 1h 1/2, dont le sol est un granit à petits cristaux renfermant du porphyre euritique et du grünstein. Au bas de la montagne, le granit est à moyens cristaux ayant une couleur rouge de brique, et passant au porphyre à base d'eurite. A moitié de la hauteur, on laisse à droite le chemin de Quenza, et on arrive à l'Ospedale sur un granit à gros et petits grains qui ne renferme plus d'eurite. Cette course avait pour objet de chercher le porphyre à cristaux de feldspath rouge indiqué dans l'instruction du Conseil. L'indication était inexacte, mais nous avons su trop tard qu'il gisait au-dessus de Carbini.

ENVIRONS DE L'OSPEDALE ; RETOUR A PORTOVECCHIO. —

16 Juin. — De l'Ospedale on se dirige vers la pointe du Diamant, en passant par le versant des eaux de la chaîne de montagnes. Le terrain est toujours granitique, ayant des couches subordonnées d'eurite et de grünstein, où l'on remarque encore nne tendance à la forme globuleuse. On arrive ensuite à Portovecchio, en partie par le ehemin de la veille, en ne remarquant sur la montagne qu'un filon de grünstein bien encaissé dans le granit, sur la direction de 2h.

Au-dessous des remparts et jusque dans le bourg, on trouve un très-joli porphyre à pâte euritique couleur de nankin, renfermant des cristaux de feldspath rose bien prononcé, et de quartz hyalin souvent terminé par les deux bouts.

Ce porphyre est très-abondant. Il est en masses subordonnées dans le terrain granitique. On voit même dans la ville une localité où il semble se diriger sur 12h de la boussole.

Sa grande proximité du golfe de Portovecchio pourrait permettre de le livrer avec beaucoup d'économie aux beaux-arts, en blocs ou masses de toute grosseur. Son exploitation et son transport seraient on ne peut plus faciles.

DE PORTOVECCHIO AU PORT DE FAVONE. — 17 Juin. — On passe par le hameau de Torre en traversant une plaine de makis. Le sol est granitique ; cette roche est grise, et renferme passablement d'eurite rosé roussâtre, en couches subordonnées. Une d'elles était sur la direction de 12h.

On arrive au ruisseau d'*Oso*, et jusqu'à celui de *Cavo*, qui vient de *Conca*, on observe les roches suivantes :

Gneiss : la direction des couches est sur 7h ; elles sont inclinées de 45° vers le Sud.

Eurite jaunâtre et grisâtre.

Granit mal caractérisé ; il est talqueux.

Ici on quitte le chemin de Favone pour aller vers la *Punta della Calcina* qui est au Sud-Est de Conca. C'est une petite montagne de calcaire qui repose sur le granit. Cette roche forme une espèce de cône isolé, de la hauteur de près de 200m au-dessus du sol primitif. Comme toute la montagne est couverte de grands makis, on ne peut pas voir la direction des couches ; toutefois elles ont paru fort épaisses.

Ce calcaire est compacte, à cassure unie et conchoïde ; il est d'un gris cendré, et peut se rapporter à celui du Jura.

On va rejoindre la route de Favone, et on monte sur un petit coteau sans quitter le granit dont le feldspath est rougeâtre. On descend vers l'anse de Favone, et tout à coup on voit un changement de terrain. Un grès schisteux blanc grisâtre et non effervescent succède au terrain primitif. Ses couches verticales et sa direction de 3, 4, 5ʰ s'étendent jusqu'aux rivages de la mer.

Près du port de Favone, on trouve une couche de calcaire en exploitation, dirigée sur 2ʰ. Elle reparaît plus loin à une distance de 100m au moins dans la même direction. Il paraît qu'elle est encaissée dans les grès.

Tout ce pays est couvert de makis très-fourrés, et l'étude est difficile. Ainsi la jonction du grès au granit n'est pas visible ; mais il n'en faut pas moins conclure que le premier est adossé au terrain de première formation.

Le calcaire subordonné dans la formation des grès ressemble beaucoup à celui de Conca, déjà décrit.

DE FAVONE A LA FOSSA MAGGIORE. — 18 Juin. — On chemine vers l'embouchure de la Solenzara en suivant toujours les bords de la mer ; bientôt le grès est remplacé par une espèce de gneiss, à mica ou amphibole noirs, surchargé de quartz. Le mica devient ensuite blanchâtre, et puis la roche prend parfois une couleur lie de vin ; près de l'embouchure de ce ruisseau, les couches verticales sont sur 1^h.

En poursuivant on ne trouve plus que des cailloux primitifs qui recouvrent un grès tantôt à grains comme de petits pois, tantôt schisteux. Les couches sont dirigées sur 2^h et inclinées de 0° à 30° vers l'Est-Sud-Est. On traverse ensuite de grands makis pour arriver au ruisseau de Travo et à la Fossa Maggiore, sans apercevoir la nature du sol. Il est inutile ici d'ajouter que toute cette formation de grès n'est qu'en recouvrement sur les roches d'un ordre antérieur. — La Fossa Maggiore consiste en quelques baraques au Sud de Pietra-Pieja.

ENVIRONS DE LA FOSSA MAGGIORE. — 19 Juin. — On se dirige sur la carrière de pierre à chaux que l'on exploite au Sud-Ouest de la Fossa Maggiore. C'est une couche de calcaire noirâtre feuilleté et tout à fait semblable au calcaire des Alpes, qui repose sur la formation intermédiaire. Elle paraît encaissée dans le terrain de schiste talqueux assez mal caractérisé. Ce calcaire un peu schisteux a ses feuillets tourmentés et contournés. On trouve quelquefois des rognons qui sont enveloppés dans la matière du schiste. La chaux qui provient de la calcination de cette pierre, est d'une qualité assez médiocre.

DE LA FOSSA MAGGIORE AUX BAINS DE PIETRAPOLA. — 19 Juin. — On revient à la Fossa, et on continue vers les bains de Pietrapola, dits de Fiumorbo. On traverse le ruisseau *Abbatesco*, et on s'enfonce dans la gorge où il roule de cascade en cascade. A l'entrée de cette gorge on trouve du grès en couches verticales, sur la direction de 2^h 1/2 et parfaitement réglé. Cette formation continue jusqu'à une demi-heure des bains de Fiumorbo, où l'on voit reparaître un granit gris verdâtre. Ce grès repose comme précédemment sur la formation primitive, quoique l'on ne puisse voir la ligne de jonction, à cause du sol végétal. Le granit mentionné continue jusqu'aux bains, où l'on va encore rencontrer des restes de ce peuple qui avait porté ses conquêtes dans tous les pays.

ENVIRONS DE PIETRAPOLA. — 20 Juin. — Ces bains se trouvent dans un pays tout granitique. En remontant le torrent, on ne voit point de nouvelles roches, seulement le talc verdâtre est remplacé souvent par du mica ou de l'amphibole noirs. La formation des grès ne s'étend donc pas au-delà des limites que l'on a fixées.

DE PIETRAPOLA A VENTISERI. — 21 Juin. — On redescend jusqu'à la Fossa Maggiore sans faire de nouvelles observations, puis on continue vers le Sud-Ouest en montant vers le village de Ventiseri. Aussitôt on retrouve la formation de grès à couches verticales, dans la direction de 2ʰ. Près du village, les bancs de cette roche sont plus épais, moins bien stratifiés, au point que l'on confond souvent les fissures avec les joints naturels.

Ventiseri est bâti sur le grès, et la plupart des habitations, comme celles de tout le pays de Fiumorbo, sont couvertes avec le liège (écorce du *Quercus suber*).

COURSES SUR LES MONTAGNES SITUÉES ENTRE VENTISERI ET ZICAVO. — 22 Juin. — La formation du grès ne s'arrêtant pas au village de Ventiseri, il était naturel de la poursuivre à l'effet de déterminer ses véritables limites, et de reconnaître si elle n'allait pas rejoindre celle du mont Asinao. Pour vérifier cette présomption, on monte vers le versant des eaux des montagnes, en prenant le sentier de Ventiseri à

Zicavo. Après deux heures et demie de marche, on atteint les derniers grès et on revoit la formation granitique. Ces deux roches sont ici séparées par une espèce de ravin, et cette ligne se trouve sur celle qui joint le grès d'Asinao et de Pietrapola. On a ici un point de vue géologique qui ne laisse rien à désirer. Tous ces grès ne font plus qu'une même formation bien distincte, les couches montent en général vers la chaîne centrale de la manière la plus évidente. Il y a une parfaite continuité dans les couches et dans leur direction. Ainsi plus de doute : ces terrains secondaires ne sont qu'adossés sur les primitifs, et leurs formations n'ont rien de commun.

La direction des grès depuis Ventiseri jusqu'à la limite Ouest varie de 1 à 4h. Les couches presque verticales montent vers le faîte de la grande chaîne. En continuant, le granit, d'abord grisâtre, prend une teinte rougeâtre et rosée, contenant souvent un peu d'épidote. Mais bientôt une averse nous surprend, et la hauteur de ce lieu déterminée par le baromètre indique approximativement que nous sommes encore éloignés du faîte de 3/4 d'heure environ.

On redescend sur Ventiseri, en admirant pour la dernière fois la régularité de la formation de ces grès, adossés sur les granits. C'est sur les grandes hauteurs qu'il faut venir étudier les difficultés de la science.

De Ventiseri a Poggio di Nazza. — 23 Juin. — On rentre dans la plaine de Fiumorbo par le chemin de l'avant-veille, et on marche vers le ruisseau de ce nom. Quelques instants avant que d'y arriver, on ne trouve plus de cailloux de grès, ce qui fait croire que cette formation secondaire doit s'arrêter au-dessous de Prunelli.

Les roches roulées par le Fiumorbo sont : serpentine, serpentine avec diallage, quartz, jaspe rougeâtre ; porphyres, quelques-uns comme ceux de St-Florent ; granits et schistes micacés ou talqueux.

On traverse une petite plaine, puis on prend à gauche vers le Nord-Ouest. On arrive à Poggio di Nazza, en observant les roches suivantes, dans la direction de 3 à 4 heures, inclinées de 10 à 45° vers le Nord-Ouest :

Schiste talqueux grisâtre, quelquefois avec des couches subordonnées de calcaire bleu gris saccharoïde. Ces schistes sont souvent contournés comme dans les terrains intermédiaires ;

Talc schisteux ;

Pierres ollaires passant à la serpentine. Elles renferment souvent des rognons de cette dernière roche, d'une couleur tendre assez jolie. Ce gisement, quoique fort renommé, ne paraît pas de nature à pouvoir être exploité en grand ;

Schiste quartzeux chloriteux ;

Schiste talqueux grisâtre ordinaire ;

Schiste talqueux calcaire ;

Calcaire bleu schisteux, saccharoïde, en couches subordonnées ;

Enfin, schiste talqueux calcaire.

DE POGGIO DI NAZZA A GHISONI. — 24 Juin. — On descend jusqu'au ruisseau de *Saltaruccio*, sur le schiste talqueux grisâtre. Cette roche à feuillets minces et contournés paraît jusque près du village de Lugo di Nazza, où elle est ensuite remplacée par une forte couche de pierre ollaire, passant au talc en masse et à la serpentine commune.

De ce village à Ghisoni, on voit la série suivante :

Schiste talqueux quartzeux, peu contourné ;

Schiste très-quartzeux micacé ;

Granit ; le feldspath est verdâtre et blanchâtre, le quartz gris, et le talc en petite quantité ;

Schiste talqueux quartzeux dans la direction de 11h à 1h;

Quartz talqueux schisteux à structure porphyroïde, par des grains de quartz rose ;

Enfin granit grisâtre sur lequel Ghisoni est bâti.

DE GHISONI AUX MONTAGNES DE CAGNONE. — 25 Juin. —

On remonte les *Casacce*, qui forment une des branches du Finmorbo, on arrive successivement aux baraques de la *Cagnone*, situées à la base des montagnes de ce nom, puis sur le mont *Armato*. On jouit ici d'un beau coup d'œil. On voit une grande partie de la Corse et quelques côtes d'Italie assez distinctement. Ce trajet n'offre qu'un terrain granitique; le feldspath est d'un gris légèrement rosé, le quartz grisâtre, et le mica ou l'amphibole noirs. On ne trouve point de grünstein en place, seulement et rarement quelques morceaux en place.

DE GHISONI A VEZZANI. — 27 Juin. — On ouvre la marche

sur le granit grisâtre qui devient parfois roussâtre par la décomposition du talc. Après avoir traversé les deux petites collines, on grimpe sur le col *Lagarelle*. Le granit devient sensiblement plus talqueux, de couleur verdâtre ; il passe au gneiss porphyroïde et au simple gneiss. Quand on a atteint ce col, les feuillets sont quelquefois un peu contournés ; les couches verticales sont dirigées sur une heure de la boussole. Ce col n'est point indiqué sur la carte. Il a été fixé par deux directions : la boussole dirigée sur le mont *Renoso* indiquait 4h 1/6 ; dirigée sur le *Monte d'Oro*, elle marquait 6h 7/8.

Après avoir atteint l'extrémité du plateau, on descend sur Vezzani, au travers de la forêt de *Rospa*, et on observe les roches suivantes :

1o Schistes talqueux : ils contiennent quelquefois des noyaux de quartz et des veines de schiste violet.

2⁰ Schistes talqueux calcaires, renfermant le calcaire bleu schisteux saccharoïde ;

3⁰ Pierre ollaire et serpentine commune ;

4⁰ Schiste talqueux grisâtre contenant du schiste violet en petites veines ;

5⁰ Le même schiste avec le calcaire en couches subordonnées (1).

DE VEZZANI A CORTE. — 28 Juin. — On prend le chemin de Venaco, qui est sur la route de Bastia à Ajaccio, en traversant des petits côteaux et collines. La masse principale du terrain est schiste talqueux grisâtre, renfermant souvent des couches subordonnées de calcaire bleu, mais plus puissantes que celles observées jusqu'ici. Leurs directions varient de 11ʰ à 1ʰ. Les couches sont tantôt inclinées à l'Est et tantôt à l'Ouest, cela dépend de la position des montagnes ; mais néanmoins on peut dire qu'en général elles montent vers le faîte de la chaîne primordiale.

Près d'arriver à Venaco et au-delà de ce pays, on trouve par milliers des cailloux de grès à gros noyaux ; plus tard, j'ai rencontré le lit natal de cette roche au milieu des terrains considérés comme de première formation, et près des monts *Rotondo* et d'*Oro*. Elle jouera un assez grand rôle dans cette relation.

Devant revoir le pays entre Venaco et Corte, on a ajourné la géologie à d'autres temps,

---

(1) Près du village de Vezzani, nous allons visiter la mine de pyrite arsénicale annoncée par M. Gensane, comme l'avant-coureur d'une mine de cuivre et de plomb. On ne voit qu'une veine de fer dans le schiste talqueux, et qui, bien sûrement, ne doit conduire à aucun résultat minéralogique.

DE VEZZANI A MOITA. — 28 Juin. — On nous remit en Mai un petit échantillon de cuivre pyriteux panaché, en indiquant qu'il avait été trouvé en place dans la commune de Moita. Comme Vezzani n'est qu'à une forte journée de marche de cette mine, il nous paraît convenable d'aller faire un examen suivi de cette localité. On passe par *Castelnuovo*, le ruisseau de *Casaloria*, le pont du Tavignano, Altiani, Piedicorte, Pietraserena, le ruisseau de *Corsigliese*, Ampriani, Pianello, le ruisseau de *Bravona*, et les villages de Matra et de Moïta. La série de roches est très-nombreuse et elle se trouve représentée dans la coupe de terrain avec tous les détails ; l'espèce dominante est le schiste talqueux, renfermant des calcaires et des serpentines en couches subordonnées.

Arrivé dans le village de Moita, la mine ne se trouve plus dans la commune ; on a pris l'échantillon dans le ruisseau de *Linguizzetta*, au milieu des cailloux roulés.

Les serpentines d'Altiani et de Matra sont abondantes, mais elles ne présentent que la nuance du vert foncé. Cependant, comme elles sont assez dures, on pourrait les employer dans la marbrerie, en établissant des scies sur les ruisseaux de Tavignano et de Bravona.

DE MOITA A CORTE. — 29 Juin. — On revient à Matra par le chemin de la veille ; on arrive à *Saint-Vincent*, à l'Ouest de *Monte Pruno*, en traversant des mamelons de schiste talqueux, alternant avec les calcaires bleus saccharoïdes.

La montagne qui nous sépare de *Campidondico*, hameau composé de trois maisonnettes, est formée d'alternatives de schiste talqueux et de calcaire bleu saccharoïde.

De ce hameau on se dirige sur le ruisseau de *Fao* ; on ne trouve encore que le même terrain, et une couche subordonnée de serpentine.

Enfin de ce torrent à Corte, même nature de roches auxquelles succèdent des schistes passant au gneiss, puis une couche de granit grisâtre, et le schiste talqueux ordinaire, sur lequel la ville de Corte est bâtie. Toutes ces couches sont dirigées sur 11ʰ à 11ʰ 1/2 presque verticales ou légèrement inclinées vers l'Est, et d'autres fois vers l'Ouest, suivant la position des montagnes.

DE CORTE A LANO. — On prend la grande route de Corte à Bastia, jusqu'au pont de *Francardo*. Comme ce terrain sera décrit plus tard, notre description ne commence que de ce pont.

Au calcaire, qui forme près d'ici une belle couche ou grande masse, succède un porphyre à base de quartz compacte rouge, avec de petits cristaux de feldspath d'un rouge plus clair, et de quartz hyalin. Il paraît sur une longueur de 100ᵐ environ, dans le lit du Golo. Pour arriver à *Lano*, on parcourt pour ainsi dire la moitié d'une courbe elliptique en remontant le ruisseau de *Casaluna*, et, en traversant des mamelons, on observe la série des roches suivantes :

Jade et diallage à très-petites facettes ;

Schiste talqueux gris verdâtre ;

Serpentine d'un vert foncé ;

Jade et diallage à petites facettes, qui n'est probablement que la première couche prolongée ;

Schistes violets en couches verticales dans la direction de 11ʰ ; ils sont après le pont de *Casaluna* ;

Grandes masses de calcaire qui ne sont vraisemblablement que le prolongement des couches près de Francardo ;

Schiste talqueux gris, d'abord sans stratification, puis dirigé sur 11ʰ en couches verticales ;

Jade et diallage un peu décomposé ; cette roche devient

très-belle et forme une couche considérable. Le diallage est métalloïde couleur d'argent ;

Schiste quartzeux passant au gneiss ;

Serpentine vert foncé avec diallage ;

Schiste talqueux et quartzeux en couches verticales dans la direction de 11ʰ 1/2.

DE LANO A BORGO DE GAVIGNANO. — 6 Juillet. — Le pays de Lano était indiqué comme devant recéler une mine d'or. Au village, il n'est plus question que d'une mine de cuivre située au-dessous des moulins, et ici on ne parle plus que de grandes masses argentifères à un mille au-dessous de ces moulins.

Après l'examen des lieux, on constate que la belle couche de jade et diallage métalloïde indiquée précédemment est celle qui joue tous ces rôles de métamorphose. Plus loin cette roche est un peu décomposée ; suivent une petite couche de serpentine, et le schiste talqueux dans la direction de 11ʰ, qui s'étend au delà de Poggio. Près de Borgo on retrouve encore une autre couche de serpentine vert foncé et puis le schiste talqueux.

La tradition indique encore une mine de cuivre dans le pays de Borgo. On descend vers le ruisseau et on trouve effectivement une veine métallique de 8 pouces de puissance dirigée sur 5ʰ. Une tranchée transversale a prouvé qu'il n'y avait que du fer sulfuré.

On remonte le ruisseau et on marche vers Borgo. A deux portées de fusil de ce village, on aperçoit une espèce de cavité faite dans des broussailles autrefois par les gens du pays. On y découvrit au milieu des schistes talqueux la chaux carbonatée d'un beau blanc légérement saccharoïde et ayant l'aspect de l'albâtre.

Le schiste talqueux n'est point stratifié, mais à 50 mètres,

d'ici, les couches sont dirigées sur 11ʰ. D'après cette direction, nous avons fait faire une tranchée pour reconnaître la
puissance de ce calcaire, que l'on a trouvée être de 6 à 8
pieds. Nous croyons qu'il forme une couche que l'on pourrait exploiter pour la marbrerie et la sculpture. Il n'y a pas
de doute que lorsqu'on serait à quelques pieds de la surface,
la blancheur de cette roche serait éblouissante, car elle a
à peine quelques légères nuances au jour. On pourrait établir
des moulins à scier sur les torrents des environs.

DE BORGO A LA MONTAGNE DE CIMA PEDANI. — 7 Juillet. —
Les courses infructueuses n'abattent point notre courage, et
toujours avides de mines, nous allons gravir la montagne de
Cima-Pedani, où l'on indique un gisement de fer oxydé. On
décrit encore une espèce de courbe elliptique, et on trouve :

1o Schiste talqueux.
2o Calcaire.
3o Schiste talqueux et schiste quartzeux.
4o Serpentine.
5o Schiste talqueux.
6o Calcaire.
7o Schiste talqueux.
8o Schiste violet.
9o Talc en masse.
10o Serpentine.
11o Schiste.
12o Serpentine.
13o Schiste passant au gneiss.
14o Sol végétal.
15o Calcaire.

C'est dans cette dernière roche que nos guides avaient
trouvé, disaient-ils, à Borgo, de grandes masses de fer oxydé ;

mais arrivé sur les lieux, ces masses n'étaient plus que de la
grosseur d'un œuf au plus, trouvées accidentellement.

DE CIMA PEDANI AU COUVENT DE MOROSAGLIA. — 7 Juillet. —
On revient au col, au Nord de la montagne, puis on va au
couvent de Morosaglia ou de Rostino ; dans ce trajet, on a :
1o Schiste talqueux violet.
2o Schiste talqueux grisâtre.
3o Serpentine vert foncé.
4o Schiste talqueux grisâtre.
5o Talc en masse décomposé.
6o Serpentine.
7o Schiste talqueux bien stratifié.
La direction de ces roches varie ordinairement de 10 à
11h et midi.

DU COUVENT DE ROSTINO A ORTIPORIO. — 8 Juillet. — Le
pays d'Ortiporio est à l'Est-Nord-Est du couvent de Rostino.
On y arrive en passant par le col *della Stretta*. On trouve
seulement des schistes talqueux et quartzeux jusqu'à ce col,
dans la direction de 1h à 1h 1/2, montant de 30o à 40o
vers l'Est.
De la Stretta on descend jusqu'à Ortiporio en traversant
successivement des calcaires, des schistes talqueux, de la
serpentine, du schiste quartzeux, très-propre pour la confection des lauses, des schistes à feuillets très-minces, du schiste
talqueux ordinaire renfermant le calcaire blanc.
Cette série de roches est sur la direction de 1h 1/2 à
3h 1/2 montant vers l'Est sous un angle de 25o à 60o. Ce
calcaire blanc fait l'objet de notre course.
Pour reconnaître son gisement nous avons fait faire une
tranchée ouverte perpendiculairement à la direction des
schistes qui encaissent le calcaire. Nous avons trouvé, autant

7

qu'on peut le déterminer par un travail aussi léger, que cette roche forme une couche de 5 à 6 pieds de puissance, sur la direction de 3ʰ 1/2, comme les schistes, montant de 65⁰ vers l'Est.

Pour avoir des données plus positives sur les dimensions de la couche, dans le sens de la direction, il eût fallu faire d'autres tranchées, ce que l'on ne peut entreprendre que par un travail *ad hoc*, vu la grande quantité de terre qu'il faudrait enlever. Ce calcaire est de même nature que celui de Borgo. Il peut, comme ce dernier, être employé avantageusement dans la marbrerie, en établissant des scies sur les ruisseaux des environs. Comme en apparence ces calcaires paraissent bien sains, et qu'il y a lieu d'espérer de les avoir parfaitement blancs, il pourrait bien se faire qu'ils ne fussent pas étrangers à l'art du sculpteur.

La couche d'Ortiporio est sur le penchant d'une colline qui a 30⁰ environ d'inclinaison, ce qui en faciliterait l'exploitation.

D'ORTIPORIO A PIEDICROCE, PAYS D'OREZZA. — 9 Juillet. — Piedicroce est au Sud d'Ortiporio. On y arrive en décrivant plusieurs lignes brisées, et en passant par Giocatojo, Poggio-Marinaccio, La Porta d'Ampugnani, Gabiola, Poggio, le col d'Erbaggio et Verdese. Comme on marche à peu près dans le sens de la direction des couches, on ne trouve pas une nombreuse série de couches. C'est toujours schiste talqueux et quartzeux avec une couche de calcaire bleu saccharoïde. Ces couches inclinées de 50⁰ à 80⁰ vers l'Est, sont dirigées sur 1, 2 et 3 heures de la boussole.

DE PIEDICROCE A CORTE. — 10-11 Juillet. — On se dirige vers l'Ouest-Sud-Ouest pour arriver à Corte, et on coupe le terrain presque à angle droit dans le sens de la direction.

On traverse le village de Campodonico, le col de St-Léonard, Pietra Stretta, Piazzole, le ruisseau de Casaluna, les cols de St-Antoine, de St-Michel, et le village de Ste-Lucie. Au travers de ces mamelons et collines, on observe la série des roches suivantes :

1o Schiste talqueux, couches verticales sur 1ʰ.

2o Grande couche calcaire, puis schistes talqueux.

3o Serpentine d'un vert foncé.

4o Calcaire bleu saccharoïde un peu talqueux, dirigé entre 1ʰ 3/4 et 4ʰ, légèrement incliné vers l'Est.

5o Schiste talqueux, avec des couches subordonnées de calcaire dans la direction de 1ʰ 1/2 en couches verticales.

6o Serpentine.

7o Granit décomposé et schiste talqueux.

8o Serpentine et talc en masse.

9o Schiste talqueux et schiste violet.

10o Schiste talqueux et quartzeux.

11o Schiste talqueux ordinaire.

12o Gneiss passant au granit et ce dernier à l'eurite.

13o Schiste talqueux, sur lequel la ville de Corte est bâtie.

DE BASTIA A PONTENUOVO. — 28 Juillet. — On suit dans ce trajet la grande route de Bastia à Ajaccio. On traverse la plaine, jusqu'au pont du Golo, déjà décrite, puis on entre dans la vallée de cette rivière en suivant constamment la rive gauche. Jusqu'à Pontenuovo, le terrain est en général tout schisteux ou talqueux mal réglé. C'est ainsi qu'en entrant dans la vallée on trouve 8ʰ 1/2 pour direction et 15o d'inclinaison vers le Sud-Ouest; au milieu du trajet, vers la *Barchetta*, 3ʰ direction, et 36o d'inclinaison vers le Sud-Est, enfin près de Pontenuovo, les couches se dirigent sur 12ʰ inclinant de 45o vers l'Est.

De Ponte Nuovo a Corte. — 27 Juillet. — On remonte sur la rive droite du Golo jusqu'au pont *Alla-Leccia*. La masse du terrain est du schiste talqueux, auquel succède ensuite une grosse masse de talc, passant à la pierre ollaire.

De Ponte alla Leccia au pont de Francardo on chemine sur la rive gauche ; on trouve toujours la continuation de la formation schisteuse, puis on traverse une assez grande plaine, couverte de cailloux roulés. Ils forment même au-dessus de son sol des agglomérats qui se font remarquer de loin.

Au pont de Francardo, la roche est composée de quartz et de feldspath, puis vient une couche d'eurite gris rougeâtre, qui est une des parois d'une énorme couche calcaire qui s'élève comme un rempart sur la montagne à droite et qui est dirigée sur 3^h 1/2. La grande route a coupé cette grande masse calcaire.

Cette roche diffère un peu de celles examinées jusqu'ici ; elle n'est point schisteuse ni saccharoïde ; elle est d'un gris de cendre foncé, et, dans son état compact, on y voit des lames de la grandeur d'une lentille, de la même substance et de la même couleur.

L'autre paroi de cette masse est un schiste talqueux quartzeux, à structure porphyroïde ; quand les masses sont roulées, on les prendrait pour des grauwackes.

Suivent : le schiste talqueux verdâtre.

Un calcaire un peu schisteux mêlé de petites veines d'un schiste violet. Ce calcaire est d'un gris bleuâtre et forme une couche assez puissante.

Le schiste talqueux verdâtre assez quartzeux, et ayant une structure porphyroïde.

Une serpentine d'un vert foncé avec diallage, près de Corte.

Enfin le schiste talqueux bien caractérisé.

Environs de Corte. — 28 Juillet. — On descend vers la *Restonica* et on remonte ce torrent sur la rive gauche jusqu'à 3/4 d'heure de Corte. On marche pendant quelques instants sur le schiste talqueux, dirigé sur 10ʰ 1/2, les couches montant vers la chaîne principale. Entre ce schiste et celui qui suit, se trouve comprise une grande masse de calcaire saccharoïde gris bleuâtre et noirâtre. Cette masse forme plusieurs couches.

Plus loin, autres couches de calcaire saccharoïde gris blanc, souvent veiné, renfermant quelquefois des veines de calcaire d'un beau blanc. Ces couches ont la même direction que précédemment, sous une inclinaison de 65° vers le Nord-Nord-Ouest. En continuant, schiste talqueux quartzeux, en couches presque verticales, montant légèrement vers l'Ouest, sur la direction de 1ʰ 1/2.

C'est dans cette roche, sur la rive droite de la Restonica, vis-à-vis des fours à chaux, près du lit de ce torrent, qu'on a fait des recherches de mines de fer, dont M. Gensane concevait les plus heureuses espérances. On a ouvert des galeries à 12 mètres environ l'une de l'autre, et sur le même niveau par rapport à la Restonica. La première a 5 mètres de longueur, et la deuxième 10 mètres. Elles se dirigent sur 1ʰ 1/2 et par conséquent dans le sens des couches du terrain. Je n'ai aperçu aucune trace de mine de fer au fond de ces galeries, ni aucun indice au jour qui pût déterminer à faire quelques travaux ; le schiste est bien un peu ferrugineux et renferme quelquefois des lentilles de fer oxydé roussâtre ; mais on ne voit pas de filon principal qui doit se dégénérer un jour en mine de cuivre (Journal des Mines, n° 9).

Consolons-nous des beaux rêves de M. Gensane ; s'il n'y a pas de minerai, il n'y a point davantage de combustible. Les montagnes sont pelées jusqu'au bas du Monte Rotondo ; et dans le voisinage des prétendues mines, il n'y a qu'un bosquet de châtaigniers et quelques oliviers, pauvres ressources pour un haut fourneau et des forges.

Près de ces galeries, en montant sur la rive gauche, on voit une grosse couche de porphyre, à pâte d'eurite gris verdâtre et cristaux de quartz gris. Elle s'élève au-dessus du sol comme une espèce de rempart et monte vers le haut de la montagne.

Dans quelques parties de cette couche, sur la gauche en gravissant, le porphyre devient fort joli : la pâte est toujours la même, mais les grains de quartz sont couleur d'améthyste. Il y a des masses assez considérables de cette variété, mais pas assez puissantes pour faire des colonnes.

Cette couche de porphyre encaissée dans les schistes talqueux est sur la direction de 2 à 3^h; on présume qu'elle est presque verticale, montant légèrement vers le faîte de la grande chaîne.

On a vu avant d'arriver à Corte, et on verra en sortant de cette ville pour aller à Ajaccio, de belles serpentines dures, d'un vert foncé avec diallage métalloïde.

On vient de trouver en remontant la Restonica de belles strates de calcaire saccharoïde gris bleu, gris noirâtre, et gris blanc, et plus haut un joli porphyre. Toutes ces roches sont près de la Restonica, qui offre des chutes magnifiques. On pourrait y établir des scies à marbre et ouvrir les quatre carrières précitées. Les calcaires quoique communs seraient élaborés à vil prix et remplaceraient ceux de même qualité que la France tire de l'étranger. Les serpentines et porphyres, plus recherchés, viendraient orner les salons, et nous cesserions d'être tributaires pour ces objets d'utilité et de luxe que nous tirons à grands frais des pays lointains. Ces diverses associations de roches réunies sur un seul point assureraient une marche constante pour les débits des objets fabriqués qui seraient transportés par la voie des roulages jusqu'à Bastia, et ensuite embarqués pour le continent.

DE CORTE A CALACUCCIA, DANS LE NIOLO. — 29 Juillet. —
On chemine vers la *Bocca-Ominanda*, sur la gauche de
la grande route de Corte à Bastia. Au sortir de la
ville, on trouve bientôt une serpentine d'un vert foncé avec
diallage, puis du talc en masse, du schiste talqueux avec
des veines de calcaire en couches verticales dans la direction
de 3h. On traverse un petit vallon ; à droite se trouve le
terrain de schiste, et à gauche les granits ; tout ce vallon est
couvert de cailloux de cette dernière roche, dont l'aspect
particulier lui avait fait donner le nom de granit secondaire.
Le feldspath et le quartz sont grisâtres, à moyens grains, et
le talc est verdâtre, en petite quantité, et presque toujours
comme fondu dans les deux autres éléments. Ce granit constitue en partie toutes les grandes montagnes des environs de
Corte, et comme on aura occasion d'en parler souvent, on
le désignera sous le nom de *Protogine* de Corte, pour éviter
de la décrire à chaque instant.

Près de la *Bocca-Ominanda*, on voit du calcaire blanchâtre
un peu quartzeux et talqueux, auquel succède du schiste
talqueux verdâtre non stratifié.

On descend sur le Golo, en passant par Castirla, et jusqu'à ce village, il n'y a que des schistes talqueux, dans la
direction de 2h, en couches verticales, devenant très-quartzeux, sans stratification. Les schistes feuilletés sont parfois
un peu repliés et contournés.

La protogine de Corte est en place au village de Castirla,
et on la suit jusqu'à moitié chemin du Golo. Là elle est
remplacée par le schiste talqueux jusqu'à cette rivière. On
enfile la gorge étroite du Golo, d'abord sur la rive droite,
puis sur la gauche. Tout le terrain est schisteux dans la
direction de 1h, sous l'inclinaison de 70° vers l'Ouest.

Après quelque temps de marche, on retrouve la protogine
de Corte, qui nous accompagne jusqu'à Calacuccia. On y

voit parfois des masses d'eurite et de grünstein. Ce dernier, à 1ʰ de Corscia, constitue un beau filon dans la direction de 8ʰ 1/2, à structure globuleuse.

Le chemin de Castirla à Corscia était très-mauvais et dangereux ; mais depuis deux ans il a été redressé. Il se trouve près du lit du Golo, dans une gorge très-profonde, et bordée de hautes montagnes nues et toutes déchirées.

Dans un trajet de 4 heures, au milieu de ces lieux déserts, on ne rencontre qu'un seul abri offert par la nature aux voyageurs surpris par l'orage ou le mauvais temps.

Ce petit monument est sur la droite du chemin près du ruisseau, avant d'arriver à Corscia. Il consiste en une masse de granit, qui a la forme du quart d'un œuf posée sur la moitié de l'ellipse. Le temps l'a creusée, et il ne reste que la coquille, si on me passe la comparaison. Rien n'est plus régulier que cette cabane, et la main de l'homme n'aurait point atteint cette régularité ni cette précision dans les dimensions. Nous l'avons désignée sous le nom de *Cabane des Naturalistes* pensant qu'on ne l'avait pas remarquée avant nous.

DE CALACUCCIA A CALASIMA. — 30 Juillet. — Le pays du Niolo forme un plateau fort élevé et parsemé de villages habités par un peuple nomade. Les communications avec les autres pays de la Corse sont on ne peut plus difficiles, et cependant lorsque le terroir le plus fertile de l'île est encore couvert de makis, des hommes courageux vont cultiver le pays le plus élevé, au milieu des plus hautes montagnes. Nulle part on ne travaille plus que dans le Niolo et avec autant de succès ; les hommes y sont grands, robustes, tout couverts de poils, et atteignent une grande vieillesse, sans les désagréments de la décrépitude. Chaque famille forme, pour ainsi dire, une petite république où l'on fait tout ce qui est nécessaire aux besoins de la vie.

On marche vers *Albertacce*, et jusqu'à ce village on ne voit que la protogine de Corte entrecoupée par de nombreux filons de grünstein, qui ont une tendance à se décomposer en boules. Un quart d'heure plus loin on trouve l'eurite globuleux, à tout petits globules, mais en cailloux épars. Comme quelques-uns sont anguleux, il y a lieu de croire que leur lieu natal n'est pas éloigné, mais qu'il nous est dérobé par la terre végétale ; les petits globules radiés du centre à la circonférence, sont violets dans une pâte blanchâtre. Il était assez intéressant de rencontrer à cette hauteur la même roche trouvée dans les pays de **Marzolino** et de **Galeria**, près de la mer.

Le ruisseau qui est au-dessous de Calasima offre encore quelques cailloux de cet eurite globuleux, au milieu des blocs de granit, de roches de quartz et de porphyre.

A moitié chemin du *rif* et du village, on remarque un filon d'aphanite dur, renfermant des cristaux de feldspath blanchâtre allongés. J'avais déjà rencontré assez souvent ce porphyre sans l'avoir jamais vu en place ; on saura maintenant qu'il gît dans les granits, à l'instar des diabases.

DE CALASIMA AU MONTE CINTO. — 31 Juillet-1er-Août. — On monte jusqu'aux baraques de *Ballone* ; on traverse le vallon de ce nom et celui de *Stagno*, puis on arrive sur le mont Cinto, en se dirigeant d'abord à l'Ouest, ensuite au Nord. Cette course est une des plus intéressantes en géologie, et nous allons entrer dans tous les détails.

De Calasima on remonte le ruisseau de *Viro*, qui se jette dans le Golo. On marche pendant deux heures sur le granit talqueux, puis avec mica noir. Dans ces roches, le quartz et le feldspath sont gris blanchâtre à petits grains, et on y remarque des masses d'eurite et de diabase dure. Quand on arrive aux premiers bosquets de pins qui se trouvent sur la rive gauche du Viro, on voit de toutes parts des cailloux de porphyre et une espèce de roche qui ressemble à un joli poudingue. Mais continuons et ne nous arrêtons point aux roches éparses.

Près des baraques de Ballone, plus de granits. Ils sont recouverts par des masses ou montagnes de porphyre. Dans les premiers la pâte est un quartz noirâtre et les cristaux sont de feldspath d'un joli rouge ; ils sont très-petits près du granit ; mais ils deviennent plus grands au fur et à mesure que l'on s'élève.

D'un autre côté, le quartz ciment devient moins noir, moins dur, et bientôt on s'aperçoit qu'il tient de la nature du quartz et du feldspath, puisque, quoique à l'état compact, il se raye par l'acier et fait feu au briquet.

Au commencement de la vallée de *Stagno*, le ciment a une jolie couleur vert Prusse. Il est compact, à cassure unie et esquilleuse, puisqu'il se laisse encore rayer par l'acier, tandis que ce dernier y développe des étincelles. Il faut en conclure qu'il est encore mélangé ; mais tout fait croire néanmoins que le feldspath est la partie dominante.

Ce ciment renferme aussi de petits cristaux de feldspath d'un joli rouge, mais ils y sont peu nombreux. On y voit au contraire en grande quantité des espèces de noyaux de quartz rouge violet. Cette roche imite assez bien un poudingue au premier instant, mais bientôt on voit dans les mêmes masses et dans les mêmes lieux plusieurs variétés de roches qui font disparaître tout doute à cet égard. Puisqu'il y a identité dans la nature, on est donc contraint d'appeler porphyre une roche à ciment compact avec des noyaux de quartz rouge compact, attendu que les petits cristaux de feldspath sont en trop petite quantité pour s'y arrêter.

On continue à s'enfoncer dans la gorge, et on monte sur le petit plateau où se trouve le pic de Monte Cinto. Cette montagne est uniquement composée de porphyre à ciment d'eurite rouge lie-de-vin, avec des petits cristaux de feldspath ayant une couleur plus décidée que la masse.

Le pic de Monte Cinto a été inaccessible pour nous, nous sommes restés à 120 mètres environ de son sommet.

Cette formation de porphyre, qui couronne la plus haute montagne du Niolo, est souvent traversée dans les hauteurs par des filons de grünstein de 2 et 3 pieds de puissance dirigés sur 6 à 7ʰ de la boussole.

Ces porphyres sont très-jolis et leurs belles couleurs variées les feront toujours rechercher dans les arts. Que ces richesses seraient précieuses si elles se trouvaient près de la mer ! Mais l'exploitation en grandes masses devient impraticable dans le vallon de Stagno. Il faut donc renoncer à faire des colonnades avec une roche si belle ; mais nous ne pensons pas qu'elle devienne étrangère au domaine de la marbrerie. Le ruisseau est assez considérable pour faire des établissements de scies, qui pourraient encore marcher au moins 7 mois de l'année. Les objets fabriqués, tels que cheminées, tables, dessus de commodes, etc., etc. seraient transportés à dos de mulets jusqu'à Calasima, puis de là au pont de Francardo, sur la route de Corte à Bastia ; ou bien jusqu'à la grande route établie pour l'exploitation de la forêt d'*Aitone*. On convient que ces distances sont longues ; mais c'est en raison de la beauté de ces porphyres que ces obstacles ne paraissent pas insurmontables.

COURSES SUR LES MONTS DE PAGLIA ORBA ET PERTUSATO. — 2-3 Août. — Ce n'est point sans regrets que l'on quitte ces lieux déserts, mais embellis par des roches si rares. On descend vers les bosquets de pins cités plus haut, au-dessous des baraques de Ballone. On prend une direction au Nord vers le plateau où l'on avait fait autrefois du goudron. On ne voit que du granit en place et des blocs de porphyre de la même variété qu'on trouve aux baraques de Ballone. On traverse le ruisseau de Viro et on monte directement à l'Ouest. La base de la montagne est un granit à feldspath roussâtre rouge et quartz blanc gris. Plus haut, et comme à Ballone, le porphyre recouvre cette première roche. Sur le col ou plateau qui porte la pointe de Paglia Orba, le porphyre est absolument le même qu'au Monte Cinto. On prend ensuite à droite, et on marche pendant quelque temps sur les débris de la montagne. On arrive à une fente de rocher large d'un mètre et élevée de 13, sous l'inclinaison de 80°. On parvient à l'extrémité en faisant jouer tour à tour pieds et mains, comme lorsqu'on grimpe dans une cheminée. A ce mauvais passage en succèdent d'autres, et puis on atteint le sommet.

Cette sommité de Paglia Orba est composée de noyaux de quartz rouge, comme agglutinés dans un ciment, mais ce n'est encore ici qu'un porphyre, ainsi qu'on le voit par les passages successifs. C'est en quelque sorte la variété trouvée à Stagno, mais sous un tissu plus grossier, avec des noyaux très-volumineux. Cette roche, que l'on prendrait volontiers pour un poudingue, existe au bas de Paglia Orba, en masses détachées d'un volume considérable.

On redescend au col et on continue à l'Ouest, vers le mont Pertusato. On ne peut atteindre la sommité, attendu que les guides ne se rappellent plus la direction à suivre ; mais nous avons jugé que sa pointe est moins élevée de 50 mètres que celle de Paglia Orba ; la nature du terrain est identiquement la même sur ces deux monts.

AUTRES COURSES DANS LE NIOLO. — 4, 5, 6, 7 Août. — Après avoir constaté la formation porphyrique des trois plus hautes montagnes du Niolo, on a fait d'autres courses sur divers points ; mais on n'a vu que les granits ordinaires, avec leurs associations fréquentes de diabase et d'eurite. On a enfin pris le chemin de Calasima et de Calacuccia après ces pénibles ascensions. Les roches d'eurite globuleux à très-petits globules trouvées près d'Albertacce m'occupaient encore, et je voulus connaître leur lieu natal avant de quitter le Niolo.

Nous cheminons vers *Ponte Alto*, au Sud d'Albertacce, et nous montons vers le petit plateau qui se trouve au-dessus de ce pont. On y trouve en grande quantité et même dans les murs de clôture, des cailloux de la roche qui fait l'objet de cette course. Un instant après, on la voit en place sur deux points : mais on ne peut prendre aucune direction attendu que le sol est couvert ou de terre ou de débris de roches ; à cela près, le gisement est parfaitement déterminé, et cette roche existe en filons dans le terrain de granit.

DE CALACUCCIA A EVISA. — 8 Août. — On revient à Ponte Alto, puis on continue jusqu'au bas de la forêt d'Aïtone, sur le granit gris verdâtre. On trouve beaucoup de cailloux de diabase et de grünstein porphyre à longs cristaux de feldspath. On a vu aussi l'eurite globuleux à petits orbes, mais pas en place. On arrive au col ou à la *Bocca di Vergio*, toujours sur le terrain granitique, renfermant des filons de grünstein à structure globuleuse.

On descend vers la grande route de la forêt par une pente raide, qui devient ensuite assez douce. On continue sur cette grande route jusqu'à une demi-heure d'Evisa, et un sentier qui se trouve sur la droite nous conduit dans ce village. Ce trajet assez long s'effectue partie sur un granit gris verdâtre, partie sur la même roche mieux caractérisée, dans laquelle le talc est remplacé par un mica noir. Le feldspath devient à son tour rose rouge (1).

(1) M. Mathieu avait indiqué à San Cipriano d'Evisa un gisement de mercure et de cobalt ; je fus conduit à cette chapelle par les personnes qui acccompagnèrent autrefois cet officier. Elle se trouve à deux portées de fusil d'Evisa, sur la route d'Ota.

Au-dessous de cette chapelle bâtie en granit rouge, paraissent quelques grandes places de roc nu ; tout le reste est en culture ou en fougères. Ces rocs sont rougeâtres et roussâtres. Leur nature est euritique, ils contiennent beaucoup d'oxyde de fer ; plus loin l'eurite devient rosé et blanchâtre.

J'ai ensuite examiné les environs de la chapelle. Tout le terrain est granitique, tantôt à feldspath rouge, d'autres fois rose ou blanc gris. Mes recherches sur les métaux précités ont été infructueuses, et comment ne pas trouver un gisement de cobalt lorsque celui-ci est indiqué sur une surface de 45 mètres, puisqu'on m'a assuré que j'avais parcouru les mêmes localités ? N'est-on pas porté à croire que M. Mathieu aura pris ces eurites rouges rosés pour des efflorescences de mercure sulfuré ou de cobalt arséniaté ? Le même officier indique des tourmalines près d'Evisa. Informé qu'il avait fait une course vers la *Scala de la Speloncata* sur le sentier d'Ota, j'ai pris cette direction. On trouve constamment en descendant le granit rouge entremêlé de granit gris. Je dis seulement entremêlé, parce qu'on a avancé que le premier formait des filons dans le deuxième : c'est une erreur. Aux trois-quarts de la course, on aperçoit une roche d'un gris bleu ; mais quand on l'approche, on reconnaît de suite un petit granit bien caractérisé dans lequel la tourmaline remplace le talc ou le mica. Cette roche est ici en place et les petites aiguilles sont croisées dans tous les sens. Celles qui sont d'un volume sensible ne se trouvent que dans les parties de la roche où la force de la cristallisation a pu se développer.

Près de la Scala de la Speloncata, les aiguilles ont un plus gros volume, mais généralement la roche est décomposée à la surface. Mon mineur parcourait alors le pays de Galeria et je n'ai pu faire jouer la mine. Ces roches assez jolies ne sont pas de nature à être exploitées à cause de leur position. Le sentier d'Evisa à Ota par la Scala est un des plus mauvais de Corse, et c'est assez en dire sur les obstacles qu'il présente.

D'EVISA A VICO ET AUX BAINS DE GUAGNO. — 11, 12, 13
Août. — En quittant Evisa, on fait une légère montée pour
aller joindre la grande route de la forêt d'Aïtone ; de là on
descend vers le pont jeté sur le ruisseau *Lo Ponte*, à une
portée de fusil de Cristinacce. Ce terrain est tout granitique.
Le feldspath est rose ou blanc, à cristaux allongés, et le talc
est verdâtre. De ce pont on monte vers le col où se trouve la
chapelle de St-Roch. Même granit, excepté que le feldspath
est d'un beau rouge foncé, dans quelques localités.

On descend sur Vico, et on prend un petit sentier pour y
arriver, à trois quarts d'heure de ce bourg. Le terrain est
toujours granitique ; mais il présente 8 à 9 filons de grünstein
de 2 à 5 mètres de puissance, coupés par la route, sans qu'on
puisse prendre une direction certaine.

Dans ce même trajet, et toujours sur la grande route, on
voit aussi en trois localités différentes un granit qui a quelques rapports avec celui d'Algajola ; mais il est encore plus
beau. Le feldspath est à grands cristaux allongés, d'un rouge
légèrement violet, le quartz gris et le talc vert ; il est parsemé
de petits cristaux jaune de miel foncé, de titane oxydé. Ce
granit, sur une grande route qui aboutit à la mer et dans le
voisinage de plusieurs torrents, pourrait être employé en
architecture ou dans la marbrerie ; son exploitation serait
des plus faciles.

De Vico, on descend jusqu'aux ruisseaux de la *Leccia* et du
Liamone. On monte sur la montagne qui nous sépare des
bains de Guagno, et on arrive aux eaux thermales par une
pente assez douce. On ne voit dans ce trajet que des granits
gris et rosés, à gros et petits grains, renfermant parfois des
eurites. Après avoir examiné les bains de Guagno, on revient
à Evisa par la même route.

DEUXIÈME VOYAGE DANS LE PAYS DE GALERIA ET DE GIRO-

LATA. — 9, 10, 11, 12 Août. — Les pays de Galeria et de Girolata, si fertiles en roches globuleuses, m'occupaient encore, et pendant que mon adjoint et mon mineur ne m'étaient pas indispensables, je les dirigeai sur ce pays en leur traçant ce qu'ils avaient à examiner. Ils prirent la route d'Ota et descendirent jusqu'à la marine de Bussaggia. Ils se trouvèrent ensuite sur la voie que nous avions suivie dans notre premier voyage. Après avoir fait quelques excursions à Curzo, ils trouvèrent un nouveau filon au-dessus de celui que nous avons décrit en son temps, d'eurite globuleux à moyens orbes. Il était dirigé sur 6ʰ avec une puissance de 5 à 6 pieds. Au jour, cet eurite globuleux est peu joli, et il est bien inférieur à celui qui est au-dessous.

À la tour de Girolata, un peu au-dessus en allant à Galeria, nouveau filon d'eurite globuleux, à moyens globules. Près de Galeria, et du gisement de l'eurite globuleux, à très-gros orbes, un troisième filon sur 6ʰ, avec une épaisseur de 5 à 6 pieds.

De Galeria ils se dirigent sur *Filosorma*, la forêt de *Pertica-to*, Bussaggia, Ota, Evisa. Tout ce terrain est granitique et ne présente qu'un seul filon d'eurite globuleux de 5 à 6 pieds de puissance, sur la direction de 7ʰ. Il gît à une portée de fusil avant d'arriver à la forêt de Perticato.

DE CALACUCCIA A CORTE. — 15 Août. — Deux sentiers conduisent de Niolo à Corte ; on connaît déjà celui qui passe par Castirla et la cabane des Naturalistes. Nous allons suivre le second, qui est le plus court, mais le plus mauvais.

Le pays de Niolo est séparé de celui de Corte par la chaîne de montagnes qui est comprise entre le Golo et le Tavignano ; on se dirige vers le col ou versant des eaux. On ne voit que la protogine de Corte, qui renferme parfois de petites couches subordonnées de gneiss, ou de schiste talqueux dans la direction de 2^h 3/4.

On traverse un petit plateau ; le granit est mieux prononcé ; le talc se change en mica noirâtre ; mais dès l'instant que l'on descend dans la gorge du Tavignano, la protogine reparaît et nous accompagne jusque près de Corte. On y remarque comme précédemment des petites couches subordonnées de gneiss et de schiste talqueux, comme aussi quelques filons de diabase.

Cette gorge du Tavignano est une des belles horreurs de la nature ; le sentier est tracé sur les bords de précipices affreux, sur la rive gauche de la rivière, et il est enfermé entre deux montagnes qui sont très-rapprochées, et couronnées par des pics et des aiguilles qui s'élancent dans les nues. Point d'habitation ou de chaumière ; point de gîte, mais des dangers à chaque instant.

A une demi-heure de Corte, les protogines sont remplacées par des schistes talqueux, en couches presque verticales et montant vers la chaîne centrale. Ils renferment du calcaire gris bleu saccharoïde.

Enfin une grande couche de calcaire gris noirâtre veiné nous conduit jusqu'aux remparts de Corte.

D'AJACCIO A CORTE. — 17-23 Août. — On vient à la baraque moitié chemin d'Ajaccio à Bocognano, et on voit :

Granit gris à longs cristaux de feldspath blanc.

Granit tout décomposé, se réduisant en gravier. Il prend ensuite plus de consistance, et il renferme des veines d'eurite.

Un gros filon d'eurite légèrement rosé. — Granit rouge à talc verdâtre. Après avoir traversé une plaine couverte de cailloux roulés, même roche en place.

Deux filons d'eurite dans le granit.

8

Autres masses euritiques et granit dur, au milieu des granits décomposés.

De la baraque à Bocognano :

Granit gris à petits grains, sans accidents,

Granit rouge, rose et grisâtre jusqu'au pont d'Ucciani sur la Gravona,

Granit grisâtre assez souvent décomposé, auquel succède un granit rose rouge, avec des veines d'eurite.

De Bocognano à la tour de Vizzavona :

Granit grisâtre, renfermant très-peu de talc, et passant au gravier par la décomposition. Tous ces granits contiennent des enduits d'épidote, minces comme des feuilles de papier.

Aux deux tiers du chemin, on trouve un petit ruisseau vers une baraque de cantonnier. Dans son lit, on voit des masses d'un beau granit à mica noir bien décidé, renfermant des grenats mêlés avec les éléments de la roche et assez régulièrement disposés. Ces grenats sont de la grosseur d'une petite noix. Cette roche est fort belle ; mais il faut jouir du coup d'œil sur les grosses masses et non sur des échantillons. A une portée de fusil du pont sur la grande route, on trouve un énorme bloc de la même roche. Il a été en partie brisé à coups de mine pour l'élargissement de la route.

Le mauvais temps n'a pas permis de monter au-dessus du chemin pour aller la chercher dans son lieu natal. Mais comme la montagne n'est pas bien élevée, la découverte en est facile à faire. Ce beau granit doit être recherché pour l'architecture ou la marbrerie. Près de la grande route et d'un joli cours d'eau, et peu éloignée d'Ajaccio, elle ne peut manquer d'offrir des avantages positifs et de nouvelles ressources à l'industrie nationale.

Cette roche gît dans une montagne granitique, couverte de blocs et de masses arrondies par le temps. On remarque au-dessus de la route une espèce de pyramide composée de masses granitiques entassées les unes sur les autres, et suspendues dans l'air comme par enchantement. Il semble que le plus léger zéphyr doit rompre cet état d'équilibre, et menacer les voyageurs à chaque instant par l'écroulement de l'édifice.

En continuant on remarque le schiste micacé quartzeux gris noirâtre dans la direction de 2ʰ 1/2, incliné de 25° vers le Sud-Est. Les granits gris et rosés nous accompagnent ensuite jusqu'à la tour de Vizzavona.

Cette tour est au-dessus de la fosse de Bocognano et au pied du mont d'Oro. Depuis quelques jours le temps était couvert, et comme on ne peut atteindre le sommet de cette montagne qu'en franchissant quelques précipices à pieds nus, on nous exposa qu'il y avait trop de dangers à faire ce voyage, quand le ciel n'était pas serein et sans nuages. Cette montagne est composée de granit gris verdâtre, à moyens et petits grains.

De la tour de Vizzavona, on descend sur Vivario. La roche principale et dominante est la protogine de Corte renfermant de l'eurite et du grünstein. Près de Vivario on remarque une couche verticale de gneiss dans la direction de 12ʰ.

On descend vers le pont jeté sur le Vecchio, dans le terrain granitique ; on observe deux couches, l'une de gneiss, l'autre de schiste talqueux, toutes deux verticales et dans la direction de 12ʰ.

A cinq minutes avant que d'arriver à ce pont, on trouve un changement dans le terrain, assez remarquable. C'est une couche subordonnée de grès ancien au milieu de la protogine de Corte. Les noyaux sont habituellement de la grosseur d'une noix ; leur nature est le quartz grisâtre amorphe, hyalin blanc, et bleu de roi ; le ciment est euritique ou argilo-siliceux.

Ce sol est couvert de broussailles, et on ne peut pas positivement voir l'encaissement. On juge de la couche par la partie saillante du grès qui a plus résisté que la roche voisine. Cette roche dirigée sur 1ʰ aurait 2ᵐ de puissance. Elle ne se trouve point en cailloux dans les environs. De l'autre côté du pont, à la même hauteur, on retrouve la même roche sur la direction de 2ʰ ; il faut la considérer comme le prolongement de la précédente.

A moitié chemin du pont de Vivario à St-Pierre de Venaco, on rencontre encore le même grès, même nature, mêmes circonstances. Il est en gros blocs au-dessous de la route, sur un petit plateau gazonné. Ces blocs occupent un assez grand espace, et les grosses masses paraissent arrangées sur une direction de 12ʰ. On ne peut cependant affirmer qu'elles soient ici en place ; car outre que le sol est gazonné ou couvert de broussailles, les roches sont elles-mêmes un peu décomposées et couvertes d'un lichen fort épais. Mais à peu de distance d'ici, plus de doute sur le lieu natal ; on rencontre le grès taillé verticalement pour le passage de la route et sur une longueur très-considérable ; il est identiquement le même que ceux observés précédemment. Quoiqu'on ne puisse voir les parois, tout indique une couche très-puissante. Il semble que la route ne l'aurait fait qu'effleurer ; auquel cas la couche serait dirigée sur 1ʰ et l'inclinaison présumée serait de 70º vers l'Ouest.

La roche qui encaisse ce grès est la protogine vers l'Occident ; mais la paroi orientale n'est pas visible ; elle est couverte de terre végétale ; c'est encore vraisemblablement la même roche ou le schiste talqueux.

En continuant sur St-Pierre de Venaco, on marche à peu près dans la direction de 12 à 2ʰ ; aussi partout on voit des cailloux et des masses de ce grès. Il nous accompagne jusqu'à une demi-lieue au-delà de St-Pierre, et vient toujours de la montagne au-dessus du chemin.

Cette roche joue, comme on le sent déjà, un grand rôle dans le terrain de la Corse. Il est assez extraordinaire de n'avoir pas rencontré des formations arénacées dans les schistes talqueux, près des bords de la mer. Il a fallu quatre mois de voyages, et venir au centre de la chaîne, aux bases des Monts d'Oro et Rotondo, pour trouver des grès dans les protogines, et contemporains avec cette roche considérée comme primitive. Que de terrains primordiaux passeront dans la classe intermédiaire par de nouvelles observations !

Le grès que nous venons de décrire est on ne peut mieux caractérisé par sa composition et géologiquement par sa direction constante, sa puissance et sa grande étendue en longueur. Cette couche assigne à la Corse une place non équivoque dans l'âge des formations. Les autres caractères que nous avions exposés n'étaient pas assez positifs pour résoudre le problème d'une manière satisfaisante.

Près du pays de Venaco succèdent aux protogines des schistes talqueux et quartzeux. Il y a dans une de ces couches des espèces de rognons ou nœuds de calcaire, de même nature que ceux déjà décrits dans cette formation. Leur direction est sur 12ʰ, inclinés de 60° vers l'Ouest.

Après Venaco, l'ordre des roches observées est :
Schiste talqueux verdâtre devenant très-quartzeux,
Puissante couche de calcaire saccharoïde d'un gris bleu,
Schiste talqueux mal stratifié,
Gneiss assez mal caractérisé, talc verdâtre,
Schiste talqueux vert foncé,
Calcaire saccharoïde gris bleuâtre quelquefois veiné,
Schiste talqueux verdâtre à feuillets contournés,
Serpentine et diallage d'un vert foncé,
Calcaire saccharoïde gris bleu sur 11ʰ,
Enfin schiste talqueux.

VOYAGE AU MONT ROTONDO. — 25-26 Août. — De Corte,
on descend vers la Restonica, dont les eaux passent en Corse
pour avoir tant de vertus. On croit généralement qu'elles ont
la propriété de blanchir le fer (dissoudre l'oxyde) ; et ce qu'il
y a de fort extraordinaire, c'est le préjugé qui règne encore,
que les rives de ce torrent n'ont que des cailloux blancs,
tandis qu'ils sont roussâtres dans le lit de Tavignano qui se
trouve à côté. C'est une erreur. Les eaux de la Restonica
sont fraîches et très-aérées, parce qu'elles arrivent sous les
murs de Corte de cascade en cascade. Elles sont très-légères
et très-salutaires ; mais pour nous elles n'ont plus de ces
vertus mystérieuses.

On entre dans la gorge où ce ruisseau roule ses eaux ; elle
est très-étroite et bordée par les montagnes les plus élevées
de l'île. On ne voit que pics et aiguilles déchirées ; partout
des précipices et des lieux inaccessibles. Après le terrain
déjà décrit, on ne trouve plus que le granit jusqu'aux baraques de Monte-Rotondo. Cette roche renferme bien rarement
du grünstein. On met 5ʰ 1/4 pour faire ce trajet. Le sentier
est fort mauvais, et ne présente aucun abri, aucun asile aux
voyageurs, si ce n'est quelques blocs, de loin en loin, de
granits cariés.

Le premier granit n'est que la protogine de Corte. Au fur
et à mesure que l'on s'enfonce dans la gorge, le quartz et le
feldspath sont plus distincts ; les enduits de talc se transfor-
ment en lamelles, et cette roche prend un caractère plus
décidé. Enfin le talc est presque tout changé en mica vert
aux baraques, et l'amphibole même n'est point étrangère à
ces granits.

Nous partons des baraques à 1ʰ du matin, et nous grim-
pons de cailloux en cailloux jusqu'au lac qui est au pied du
Rotondo. Nous ne sommes plus qu'à cinq quarts d'heure du
pic. Deux voies ou espèces de couloirs y conduisent ; on

prend celui de droite, taillé à plomb sur chaque côté, et n'offrant qu'une espèce d'échelle. Ce passage incliné de 55° est effrayant. Les blocs de rochers sont pour ainsi dire suspendus les uns sur les autres et le plus léger mouvement doit rompre l'équilibre. Un bloc doit dans sa chute en entraîner d'autres, et réduire en poussière tous les voyageurs. On ne peut pas donner une idée plus nette de ce couloir ou échelle de pierres, qu'en le comparant à un filon qu'on aurait exploité, et qui ne laisserait plus que le vide qu'occupait la matière extraite. Accompagnés par les premiers rayons de l'aurore, nous présentons nos hommages à la montagne la plus élevée de la Corse, le Monte-Rotondo.

Le pic de cette montagne est une espèce de cylindre de 15 à 18 pieds de diamètre dans sa partie supérieure. C'est peut-être cette forme qui lui aura fait donner le nom de Rotondo, ou peut-être encore le cirque de pics qui existent autour de lui, comme pour en faire ressortir la majestueuse hauteur. Le coup d'œil est magnifique ; on oublie les dangers que l'on a courus pour y arriver, et on ne peut se lasser d'admirer ces grands effets de la nature.

On aperçoit près d'ici, vers le lac, trois beaux filons bien réguliers de grünstein dur, dans la direction de 6^h, et ayant une épaisseur de 2^m 1/2 à 3^m. Ils sont parfaitement bien réglés et bien suivis. Nulle part nous n'en avions vu d'aussi bien caractérisés. Tous ces filons de grünstein qui existent par milliers dans les granits de l'île, ont suggéré l'idée de formation par le feu, et on a placé le principal cratère sur le pic de Rotondo. Je ne cherche nullement à combattre ces systèmes qui ne sont nullement fondés. Il n'y a pas de traces de volcans anciens en Corse, et le simple examen des localités détruit entièrement ces idées que rien ne peut désormais consolider.

Le pic de Monte-Rotondo est composé de granit de nature

semblable à celui des baraques ; seulement le feldspath a une teinte légèrement rosée et le mica est plus distinct. Les grains de cette roche sont assez petits, rarement de moyenne grosseur.

Le moment de rejoindre notre gîte est arrivé. Comme on est peu disposé à revoir les lieux qui ont offert tant de dangers, nous suivons l'autre couloir que j'ai jugé n'être incliné que de 50°. On arrive enfin, avec des peines incroyables, au lac et successivement aux baraques et à Corte.

Nous croyons devoir inviter les voyageurs du continent à se munir de cordages et à ne pas les oublier comme nous aux baraques ; car pour grimper sur le Mont Rotondo, il faut être Corse ou chamois. On ne se fait pas une idée de l'agilité de ces montagnards, et si ceux des Alpes avaient la même légéreté et le même courage, le Mont Blanc serait connu depuis des siècles.

DE CORTE A MOLTIFAO. — 28 Août. — On quitte les Cordilères de la Corse pour se diriger sur Moltifao. On suit la grande route de Corte à Bastia jusqu'à moitié chemin des ponts *Francardo* et *Alla Leccia*, et après on marche sur les agglomérats semblables à ceux décrits précédemment. C'est toutes sortes de cailloux, même anguleux, liés par un ciment grisâtre. On y trouve parfois des granits et des porphyres analogues à ceux de Paglia-Orba. La première roche en place est le schiste talqueux, auquel succède une puissante masse de calcaire semblable par sa nature à celle du pont de Francardo.

Près de Piedigriggio reparaît le schiste talqueux sans stratification appréciable, puis sur la direction de 4ʰ, montant de 80° vers le Sud-Est.

A 30 minutes de ce village, on trouve le granit rougeâtre

ayant très-peu de talc. On avance sur Moltifao ; cette roche devient grisâtre et plus chargée de talc verdâtre.

Au bas du village on voit l'eurite jusqu'à l'église. Il est suivi plus haut par une belle couche de calcaire très-veiné, légèrement saccharoïde, d'un gris foncé ; la direction est sur 3^h, incliné de 75° vers le Nord-Ouest. Elle recouvre le schiste talqueux d'un gris verdâtre.

DE MOLTIFAO A LA CHAPELLE St-ROCH. — 29 Août. — On monte au couvent de *Caccia*, qui ne présente plus que des ruines. Après l'eurite, on trouve du schiste talqueux, une petite couche de calcaire, et du schiste plus talqueux, en couches verticales, dans la direction de 2^h 1/2. On arrive à Castifao, bâti sur le schiste talqueux, quartzeux, verdâtre foncé, très-irrégulièrement stratifié et sans ordre constant. On descend vers la *Tartagine*, toujours sur le schiste talqueux qui s'étend jusqu'à la Chapelle. Ce terrain renferme fréquemment des couches subordonnées de calcaire gris légèrement saccharoïde, et traversé par une multitude de veines de spath blanc lamelleux. On remarque parfois des cailloux de porphyre semblable à celui du vallon del *Ballone*.

On revient vers le torrent de Tartagine et on prend le sentier qui est vis-à-vis de Castifao ; jusqu'au couvent on ne voit que du schiste avec serpentine et diallage.

Dans les temps fabuleux, on regardait les environs de la Chapelle St-Roch comme recélant un riche trésor, et le souvenir de cette histoire n'était point éteint dans le pays. Notre apparition fortuite vint l'accréditer et le faire renaître dans l'esprit de plusieurs personnes. Quatre individus bien armés forment le projet de nous arrêter pour nous conduire sur les lieux, à l'effet de leur livrer le trésor, ou tout au moins pour enlever nos papiers, espérant y trouver l'indication positive du lieu mystérieux. Nous fûmes avertis secrètement au milieu de la nuit du 29 au 30 que des gens armés étaient autour de la maison pour l'exécution du projet précité, attendu qu'ils avaient été informés que nous devions partir à 2 heures du matin pour la montagne. Comme j'avais dans ma cassette les notes d'une grande partie du voyage, j'ai cru qu'il était prudent de ne point jouer avec l'ignorance et la superstition. Je sortis du canton de Caccia avec la gendarmerie, pour mettre mes papiers à l'abri de tout enlèvement, et avec le vif regret de ne pouvoir faire des courses dans un pays où j'avais beaucoup d'indications.

De Moltifao a Sorio. — 31 Août. — On chemine vers le ruisseau de la Tartagine, et on trouve :

Eurite grisâtre,

Roche de quartz et de feldspath,

Granit grisâtre talqueux, puis rosé rouge.

Le lit du torrent renferme beaucoup de cailloux roulés de porphyre, de la même nature que celui de Niolo. Il paraîtrait qu'ils ne peuvent venir que des montagnes au Nord d'Asco.

De ce ruisseau à Pietralba on voit : Eurite mal caractérisé ; schiste talqueux, quartzeux, gris-verdâtre, sans direction apparente, et protogine (1).

On monte vers la *Bocca di Tenda*. Jusqu'à un tiers du chemin, on ne trouve que la protogine, qui est ensuite remplacée par un granit gris à petits grains. On remarque dans

(1) Au-dessus de Pietralba on aperçoit un mamelon de calcaire grisâtre : sa forme est assez régulière, à l'exception de deux ou trois ramifications de peu d'étendue, mais qui se rattachent à ce petit monticule. Nous l'avons aperçu un peu tard, et il n'était plus possible d'aller examiner s'il était en forme de chapeau sur ces terrains de schiste et de protogine, ou s'il était contemporain à ces roches.

ce trajet un gros filon de grünstein et des veines d'aphanite dure.

De Sorio a Bastia. — 1er Septembre. — On descend sur Sorio. Au granit succède un gneiss bien caractérisé, d'une couleur vert tendre ; il est dirigé sur 12ʰ et incliné de 60º vers l'Ouest. Suivent : 1º Schiste talqueux verdâtre dans la même direction, son inclinaison varie de 45º à 60º ; — 2º Nouvelle couche de gneiss ; — 3º enfin le schiste talqueux jusqu'au village. On descend vers la plaine, et on se dirige vers le couvent d'Oletta, sur le schiste talqueux ; près de ce couvent, on trouve les premiers calcaires de la formation de St-Florent. On monte vers la *Bocca Sant'Antonio* en ne rencontrant que des schistes plus ou moins talqueux, passant au talc en masse dans la hauteur.

On descend sur le village de Furiani, et, après le talc en masse du col, le reste du sol est schiste talqueux ; même nature de terrain jusqu'à Bastia. On ne peut observer aucune régularité dans ces couches de schistes et aucune constance dans la direction ou inclinaison.

Voyage au Cap-Corse. — 2-7 Septembre. — Il ne nous restait plus que l'examen du Cap-Corse, pour lequel il n'y avait que la seule indication des mines d'antimoine d'Ersa.

On marche vers la marine d'Erbalunga, où l'on voit la carrière de calcaire à gros feuillets, exploitée comme dalles pour le service de la ville de Bastia. On continue vers la marine de Sisco et successivement vers les villages d'*Orneto*, *Pedina, Carbonacce, Poggio* et *Botticella*, villages de la commune d'Ersa.

Près d'ici je fus surpris par une fièvre tierce, et je me trouvai forcé de me faire ramener à Bastia, en confiant l'examen de ces mines à mon adjoint. Je vais faire connaître le résultat de ses recherches.

Entre le village de Botticella et Granaggiolo, se trouve la chapelle de Ste-Marie. C'est ici où existe le premier gisement d'antimoine. Le chef mineur avec quelques ouvriers firent une tranchée dans la direction de 1^h 1/2, et lorsqu'on eut atteint la profondeur de 0^m 75 à 1^m, on trouva l'antimoine sulfuré en place. Pendant qu'on faisait la tranchée on rencontrait des rognons du même métal.

Dans le même temps, mon adjoint faisait exécuter une tranchée sur de plus grandes dimensions à Granaggiolo, dans la propriété de M. le Maire d'Ersa. On creuse jusqu'à la profondeur de 2^m 25, et dans les roches contenant une grande quantité d'oxyde de fer, on remarquait partout des indices d'antimoine sur l'épaisseur d'un pied. Ces indices se trouvent dans le terrain de schiste talqueux, mais tellement décomposé à la surface qu'on ne peut distinguer sa direction. Il semblerait que l'antimoine est dirigé dans les deux localités précitées sur 6^h 1/2 ; mais ces éléments m'ont paru incomplets pour décider si le métal se trouvait en couches ou filon. Comme d'un autre côté il est très-disséminé dans sa gangue, et que dans cet état il ne pourrait couvrir les frais d'exploitation, il faudrait faire pendant deux mois de nouveaux travaux avec deux mineurs sur chaque gîte.

L'antimoine est combiné, aux mines d'Ersa, avec le soufre, et constitue l'espèce *antimoine sulfuré radié.*

Cette portion de l'île est toute composée de schiste talqueux, renfermant assez fréquemment des couches subordonnées de calcaire gris bleu saccharoïde, quelquefois veiné, de talc en masse et de serpentine. Nulle part on ne rencontre de strates bien réglées. Ce sol a éprouvé de grandes secousses.

Quatre Formations de Terrains en Corse. — D'après les

descriptions que l'on vient de donner, il est facile de reconnaître quatre formations de terrain en Corse. **Nous allons les passer rapidement en revue, et en assigner l'étendue et les limites, en commençant par les plus récentes.**

TERRAINS TERTIAIRES. — Le calcaire de Bonifacio, à couches horizontales, n'occupe qu'un petit espace autour de cette ville, et doit être classé dans les terrains tertiaires. Il est très-grossier et renferme beaucoup de coquillages, notamment des oursins et des huîtres, qui n'ont pas encore passé entièrement à l'état de chaux carbonatée. On distingue souvent l'enduit de nacre, et en outre ces pétrifications contiennent beaucoup de graviers de terrains plus anciens.

TERRAINS SECONDAIRES. — Cette formation, un peu plus étendue que la précédente, n'existe, pour ainsi dire, que par lambeaux dans l'île.

De la tour de Farinole jusqu'à St-Florent, nous avons constamment laissé sur la droite un chaînon de calcaire qui a près d'une lieue de large et qui s'étend jusqu'à la mer. Les couches, inclinées vers l'Est, montent vers la chaîne primitive. Les inférieures semblent appartenir aux calcaires de transition moderne ; celles du milieu ont beaucoup de rapports avec ceux du Jura, et les supérieures ne peuvent trouver place que dans la formation la plus récente, dans les terrains tertiaires. D'après cela les dépôts ne se seraient opérés qu'à de longs intervalles. Cette réunion de roches dans un si petit espace est fort intéressante.

Nous avons trouvé sur le mont Asinao, à une hauteur de 1823 mètres au-dessus de la Méditerranée, des roches de grès et de calcaire superposées au granit. Nous avons rencontré cette même formation à l'Est de l'île, et nous avons acquis la certitude dans la course au-dessus de Ventiseri,

que cette formation s'y liait à celle d'Asinao. Elle commen-
cerait au-dessus de Favone, jusque près de l'embouchure
du Fiumorbo, vis-à-vis Prunelli, montant vers les bains de
Pietrapola, passant au-dessus de Ventiseri, allant à Asinao,
et descendant au-delà de Favone. Il faut cependant remarquer qu'il existe des places vers Sari, au-dessous d'Asinao,
où le granit n'est pas recouvert.

C'est dans ces grès que l'on a vu le calcaire de Favone
formant une couche subordonnée dans ce terrain.

Le calcaire de *Conca*, qui a beaucoup de rapports avec
ce dernier, ne constitue qu'un petit mont isolé et en forme
de chapeau, sur le terrain ancien.

FORMATION INTERMÉDIAIRE. — La formation intermédiaire
ou de transition occupe une plus grande étendue. Elle comprend tout le Cap-Corse et la partie de l'Est de l'île limitée
par une ligne qui passerait entre Ostriconi et l'Ile-Rousse,
se dirigeant un peu à l'Ouest de Castifao et de Corte, continuant à l'Est de Ghisoni, à l'Ouest de Prunelli et des bains
de Pietrapola ; enfin venant aboutir vers le rivage entre
Favone et Portovecchio. Il faut remarquer seulement que
cette dernière portion, qui comprend tout le Fiumorbo, est
recouverte par la formation arénacée dont nous avons déjà
parlé.

La roche principale de tout ce terrain intermédiaire est
le schiste talqueux. Il renferme peu de roches subordonnées
près des rivages ; mais au fur et à mesure que l'on monte
vers la chaîne centrale, ces roches subordonnées deviennent
très-fréquentes ; elles consistent en calcaires généralement
d'un gris bleuâtre plus ou moins veinés et saccharoïdes,
talc en masse, ollaires, serpentines, euphotides, calcaire
noir semblable au plus ancien des Alpes, roches de quartz
et de feldspath, et porphyre.

Près de la ligne séparative des terrains intermédiaires et des granits qui occupent le reste de l'île, on rencontre assez souvent des couches de gneiss ou de protogines dans le terrain de transition, comme aussi des gneiss et schistes dans le primitif. La belle couche de grès qui commence au pont de Vivario et qui finit à une demi-lieue de St-Pierre de Venaco se trouve dans les granits protogines sur la lisière.

On remarque un gisement de grès et de calcaire ancien que nous avons indiqué entre Ostriconi et l'Ile-Rousse, et sur lequel nous avons émis quelque doute sur son encaissement. On voit ici, comme dans tous les autres pays, une succession dans les diverses formations, mais jamais on ne peut tracer une véritable limite rigoureuse. Ce terrain intermédiaire ne nous paraît pas ancien, et quand il vient s'appuyer sur la formation des granits, il est bien clair qu'au point de contact, il s'est écoulé fort peu de temps du premier dépôt à celui qui est venu ensuite. Ainsi le granit vers Vivario n'est pas plus ancien que le grès qu'il encaisse et que les schistes et gneiss qui sont près du village de ce nom. Cette ligne de séparation des terrains intermédiaires et primitifs est dirigée à peu près sur 11^h de la boussole. Si l'on examine toutes les directions prises dans le terrain à strates, on trouvera pour terme moyen environ 1^h ; mais d'après les expériences que nous avons faites en Corse, nous avons trouvé qu'à l'époque de notre mission la déclinaison de l'aiguille aimantée était de 19° 48' vers l'Ouest ; il résulterait donc 11^h 42/60 pour direction moyenne, ce qui se rapproche infiniment de la direction de la ligne séparative (1).

_____

(1) Y a-t-il ici une lacune ? Il paraît difficile de comprendre comment la différence entre la déclinaison à Paris et la déclinaison en Corse peut avoir pour effet de ramener l'une vers l'autre les deux directions de 11 h. et de 1 h. jusqu'à les faire coïncider à peu près. — B.

Ce terrain est parfaitement bien caractérisé :

1o Par le talc des schistes et les contournements de ces roches,

2o Par les calcaires d'une couleur généralement foncée et terne,

3o Par les grès bien caractérisés,

4o Par le calcaire noirâtre, le plus ancien des Alpes, que l'on trouve près de la Fossa Maggiore.

FORMATION PRIMITIVE. — Enfin il nous reste à l'Ouest et au Sud, le reste du terrain qui est tout granitique. Près des limites, ce terrain renferme quelques couches de gneiss et de schistes ; mais un peu plus loin il n'y a plus de couches subordonnées. Nous avons indiqué dans le cours des descriptions beaucoup de masses euritiques entrecoupant ces granits ; nous avons même signalé tout le terrain de Galeria et de Girolata comme formé presque uniquement de cette roche. Plusieurs localités nous ont présenté également des porphyres à base d'eurite ; mais nous devons faire observer que géologiquement parlant, il n'y a aucune différence entre les granits, les eurites et les porphyres.

Lorsque la force de la cristallisation était à son maximum, elle a formé les beaux granits ; dans son minimum d'intensité elle n'a produit que les eurites, et dans les degrés intermédiaires elle a donné lieu aux petits granits et aux porphyres euritiques. Une seule formation porphyrique nous a paru distincte de celle du granit, c'est celle du pays de Niolo, que nous avons vue en recouvrement sur cette roche vers les vallons de Ballone, de Stagno, et sur les monts Cinto, Paglia-Orba et Pertusato. Les porphyres se trouvent encore vers l'Ouest, après le versant des eaux, puisque nous en avons trouvé constamment des débris dans les terrains de la Sposata, de Bussaggia et de Porto.

Le terrain granitique de la Corse ne nous a pas paru stratifié. Nous avons à la vérité indiqué quelques strates, mais elles avaient peu d'étendue et de régularité. Ces granits sont entrecoupés par des amphibolites, des diabases ou grünstein, qui forment de véritables filons, généralement dans la direction de 6 à 7^h. Un petit nombre s'écarte de cette loi.

Pendant longtemps nous avons émis des doutes sur leur gisement ; lorsqu'ils étaient sous la direction de midi à 2^h ou 3^h, nous avions quelque propension à les considérer comme des couches ; mais le plus grand nombre se dirigeant de l'Est à l'Ouest a dû faire loi. D'un autre côté, ces filons de diabase que nous avons rencontrés partout pouvaient se former dans toutes sortes de directions. En effet, les masses granitiques n'étant point stratifiées, pouvaient, lors de leur dessiccation, permettre des fissures dans tous les sens, et les matières qui devaient les remplacer postérieurement n'en devaient pas moins être des filons.

Ces granits ont souvent des nœuds ou petits rognons de grünstein ; ne pourrait-on pas supposer que là où ils étaient abondants, ils se seront réunis par la force attractive pour former des filons ou masses régulières ? Je serais peu éloigné à admettre ce genre de formation par l'attraction élective. Les masses d'amphibolites que nous avons rencontrées depuis Olmeto jusqu'à Levie confortent cette manière d'envisager les choses. Plus abondants que les diabases, les cristaux d'amphibole sont plus développés en raison des masses, et nulle part je n'ai pu distinguer un encaissement.

Nous avons vu les granits de la lisière contemporains aux gneiss, aux schistes talqueux et aux grès. Ces granits reparaissent plus loin vers l'Ouest avec les mêmes caractères de composition ; ils sont généralement talqueux, et on passe insensiblement de la protogine de Corte aux protogines mieux caractérisées et aux véritables granits qui bordent les rivages de l'Ouest. Ces caractères ne peuvent pas sûrement assigner une formation intermédiaire à tous ces granits, puisqu'il n'y a pas de couches subordonnées ; mais il n'y a pas de doute qu'il faille placer ces terrains dans les primitifs modernes. Peut-être un jour y découvrira-t-on d'autres couches pour fixer plus encore leur véritable place dans l'ordre des formations géologiques.

MINES. — Si le terrain de la Corse avait été connu comme aujourd'hui, il est certain qu'on n'aurait jamais conçu de grandes espérances en mines métalliques. Ainsi nous n'avons que cinq mines de fer, quatre dans la commune d'Olmeta, et une à Farinole, qui offrent des résultats bien positifs. Les mines de plomb de Prato, de fer de la Venzolasca, de manganèse de Valle, et d'antimoine d'Ersa ont encore besoin de quelques recherches pour fixer une opinion sur leurs gîtes.

Il n'en est pas ainsi pour les roches propres aux domaines de l'architecture et de la marbrerie. Les plus nombreuses et les plus belles variétés se trouvent réunies sur un petit espace et non loin de la mer. Elles sont de nature exploitable, et désormais elles doivent non-seulement suffire aux besoins de la France, mais encore notre patrie conserve l'espoir de faire de grandes exportations. Nous avons indiqué : 1º le *Verde di Corsica* dans le pays d'Orezza et d'Alesani ; — 2º le granit orbiculaire de Ste-Lucie ; — 3º les eurites globuleux de Curzo, de Galeria et de Girolata ; — 4º le granit de l'Algajola ; — 5º celui de Calvi ; — 6º ceux de Porto et entre la Piana et Sagone ; — 7º les amphibolites ou pierres de deuil d'Olmeto, de Ste-Lucie, de Paragino et de Mela ; — 8º les beaux granits à feldspath rouge de corail près de Ste-Lucie de Tallano et de Ste-Julie ; — 9º les granits de l'îlot de San Baïnzo exploités par les Romains ; — 10º le porphyre de Portovecchio ; — 11º les serpentines d'Altiani, de Matra et de Corte ; — 12º les marbres blancs de Borgo et d'Ortiporio ; — 13º les marbres veinés de Corte ; — 14º le porphyre à quartz améthyste de la Restonica près de Corte ; — 15º le beau granit à petits cristaux de titane oxydé de Vico ; — 16º celui qui renferme des grenats et qui existe entre Bocognano et la tour de Vizzavona ; — 17º enfin les jolis porphyres de la vallée de Stagno.

II.

FORGES

La Corse renferme dix forges en activité ; trois chôment depuis 10 ans, et une dont le roulement est suspendu depuis 50 ans. Les premières se trouvent à Orezza, à Fiumalto, à Casalta, à Bucatojo, à St-Blaise et à Distendino. Les secondes à Chiatra, à Moita et à Perelli ; enfin la dernière à Casacconi.

Cinq de ces forges en activité sont comprises dans l'arrondissement de Bastia ; celle d'Orezza fait partie de celui de Corte ; elles sont toutes dans l'Est de l'île.

Ces usines ont un mode de traitement particulier, désigné sous le nom de méthode corse. Comme nous avons suivi ces opérations dans tous leurs détails, nous allons les exposer telles qu'on les exécute aujourd'hui.

Les minerais que l'on traite dans ces foyers viennent de l'île d'Elbe. Leur nature est bien connue. C'est un mélange de fer oligiste et de fer oxydulé dans des proportions variables, avec quelques parties de fer oxydé et hydraté. Ils varient beaucoup dans leur richesse et dans leur qualité. Ils sont plus ou moins terreux et plus ou moins pyriteux. J'ai vu quelquefois des échantillons où le fer sulfuré entrait pour un tiers : ces morceaux sont rejetés par les forgerons.

Le prix d'achat de ce minerai est de 2 francs le quintal (50 kilog.) à l'île d'Elbe ; 1 fr. de transport pour la traversée, et de 50 c. à 1 fr. pour le transport de la marine à l'usine, suivant la distance.

Une forge se compose : 1º de hangars et charbonnière ; 2º d'un fourneau ou creuset, pour la fusion ; 3º d'un martinet ; 4º d'une machine soufflante.

Le creuset consiste en une aire sur laquelle on élève un mur du côté de la tuyère et deux petits murs sur la face du *chio* à l'effet d'y placer une plaque de fer pour faire couler les *laitiers*. La face opposée et le contre-vent sont formés par la *brasque*.

Le martinet se compose d'une roue, d'un arbre, d'un *emplantement* et d'un marteau. Le manche de ce dernier a 9 pieds et demi ; la bague est à 3 p. 1/2 des *cames* et à 6 pieds du milieu de la tête du marteau, dont le poids est de 250 livres.

Chaque forge n'a qu'une trompe plongeant dans une cuve en maçonnerie faite avec la pouzzolane.

La *dame* est à un ou deux pouces au-dessus du sol, et l'enclume est en saillie d'un pouce au-dessus de la *dame*.

L'arbre ne porte que deux cames en fer ; il fait 48 révolutions par minute, ou, ce qui revient au même, le marteau frappe 96 coups dans le temps indiqué.

Tous les forgerons viennent de Lucques ; ils sont au nombre de 4 pour chaque feu ; le premier reçoit 72 fr. par mois, le deuxième 66 fr., le troisième 60 fr. et le casseur de mine 200 fr. par an.

Le minerai est cassé à la forge en petits morceaux de la grosseur d'une noix au plus, par un ouvrier destiné à ce travail. On en sépare la poussière que l'on met à part pour en former la grillade dont l'emploi sera désigné plus tard.

On remplit le creuset de charbons menus on *brasque*, jusqu'à la hauteur du bec de la tuyère, légèrement inclinée vers le contrevent et ayant une saillie de 0m 15. Le fond du creuset est en pierre, à 0m 50 de la tuyère. On fait d'abord une enceinte A, A, A avec de la brasque, ayant un pied de hauteur. Vers *b*, *b*, on élève un petit mur avec de gros charbons, et l'espace compris est rempli avec du minerai concassé. On couvre toute cette surface de brasque, que l'on bat avec une masse. On continue sur A, A un mur avec des gros morceaux de minerai à la hauteur d'un pied, et on élève *b*, *b* au même niveau avec de gros charbons. L'espace compris est rempli à l'instant avec du minerai ; on couvre le tout de brasque et on bat légèrement.

La quantité de minerai qui entre dans cette opération s'élève ordinairement à 750 livres.

On met le feu par la cheminée X, et on remplit tout l'espace avec de petits charbons. On donne le vent et en aussi grande quantité que dans l'opération de la fusion que nous indiquerons plus tard. Au fur et à mesure que le charbon vers X se consume, on en met de nouveau, que l'on fait entrer avec un bâton ou une *bécasse*. Cette opération dure de 3h 1/2 à 4h ; dès qu'elle est finie, on enlève le mur fait avec les gros morceaux de minerai, pour les faire resservir quand ils ne sont pas suffisamment grillés. Le même minerai vers C, C, C est tout agglutiné ; on l'enlève et on le divise en cinq portions égales (1).

(1) Ces indications se rapportent à une figure qui n'est pas jointe au texte, dans le manuscrit ; mais ceux qui connaissent le foyer Catalan peuvent facilement se la représenter. La région *b*, *b* doit être du côté de la tuyère ; l'enceinte A, A, A doit représenter une sorte de demi-circonférence s'appuyant sur *b*, *b* comme diamètre. La région C, C, C est sans doute l'espace compris entre *b*, *b* et A, A, A. Nous nous représentons la cheminée X comme pratiquée verticalement au milieu de la masse de charbon et de minerai, analogue à celle qu'on ménage au centre du tas de bois dans le procédé de carbonisation des *meules*.—B.

On consomme trois charges de charbon pour faire cette opération. Une charge est composée de deux sacs ayant 1m 3 de longueur sur 0m 78 de largeur.

Le minerai subit dans ce premier travail le grillage et un commencement de réduction. Il paraît qu'il y aurait des améliorations à faire pour prévenir la fusion de ce minerai, qui devient alors difficilement réductible, et pour obtenir plus d'homogénéité dans la portion réduite. En effet, ce grillage n'est qu'une espèce de cémentation, et pour obtenir le maximum d'effet, il faut mettre le minerai en contact avec le plus de charbon possible. On peut y parvenir en faisant des couches plus minces, séparées par du poussier de charbon, ou bien en ne faisant que deux couches et en mettant le minerai concassé avec un peu de brasque. Il faudrait aussi donner un peu moins de vent pour éviter de fondre le minerai qui est si près de la tuyère, en chauffant une heure de plus.

Après cette première opération, on nettoie le creuset, on y place des charbons, on charge une portion de minerai sur le contre-vent, on y met de la charbonnaille tout autour, et on donne le vent. On chauffe au-dessus de la tuyère le *masset* d'une précédente opération et on le porte ensuite sous le marteau. On continue jusqu'à ce que tout soit étiré. Le travail de l'étirage dure près de deux heures, et pendant ce temps le minerai du contrevent s'échauffe, commence à se réduire et à former le noyau du *masset*. On avance par intervalle avec un *ringard* le minerai vers la tuyère. On ouvre aussi de temps en temps le *chio* pour l'écoulement des laitiers. Les premiers qui sortent sont pauvres, et on les jette à la rivière. Les derniers, riches en fer, sont mêlés dans le minerai grillé et chargés au contrevent avec eux. Après 3h 1/2 de travail on arrête le vent, on enlève tout le menu charbon du contrevent, et on retire le *masset* avec des crochets. On le porte sous le marteau après l'avoir un peu arrondi avec une masse en bois.

Dans le même temps, on refait le creuset en enlevant même le charbon qui est devant la tuyère. On le remplit de charbon neuf, on place une nouvelle portion du minerai sur le contrevent, et on recommence comme précédemment jusqu'à ce que le minerai que l'on avait divisé en cinq parties soit épuisé. Ces cinq opérations durent ordinairement 20 heures, et donnent cinq *massets*, pesant chacun environ 66 livres, ce qui fait 330 livres par jour.

Les cinq massets ne sont jamais égaux. Les premiers sont les plus gros, et le dernier est le plus petit. Comme la quantité de vent est toujours constante, la température est très-considérable vers la fin de la journée, et il se brûle beaucoup de fer. Il faudrait diminuer la masse d'air en raison de la température qu'aurait le creuset.

Dans la méthode corse, on emploie un peu de *grillade* ou menu minerai non grillé. On le jette sur les charbons vers le contrevent sans la mouiller, comme on le fait dans le procédé catalan.

La consommation en combustible est de 12 charges pour cette opération, ou 15 charges pour le grillage, la réduction, la fusion et l'étirage.

D'après cela, il faudrait 303 charbon et 227 minerai pour 100 de fer. Nous avons supposé ici que 3 sacs pesaient 2 quintaux et qu'avec 750 de minerai on obtenait 330 de fer, ce qui n'arrive pas toujours.

Dans les forges de la Corse, la majeure partie du charbon est de châtaignier. On ne coupe ordinairement que les vieux arbres qui ne donnent pas de fruits, d'où il résulte que les charbons ne sont pas de première qualité. Aussi quand ils ont plus de force, on en consomme moins de 15 charges. Dans l'ancienne forge de Murato, convertie aujourd'hui en pressoir à huile, on ne dépensait que 12 charges par 24 heures.

Les chutes d'eau sont magnifiques, rarement elles ont moins de 20 pieds, avec un volume d'eau à discrétion pendant 7 à 8 mois de l'année.

Ces forges présentaient des résultats avantageux anciennement, mais depuis que la métallurgie a fait de grands progrès et qu'elle nous a fourni de si belles ressources, la méthode corse ne peut plus se soutenir. On en voit les terribles effets dans les établissements de l'île. Les propriétaires gagnent fort peu de chose, et les avantages mêmes ne balancent pas les chances défavorables. Cet affinage a des défauts, et je crois même que dans notre siècle de lumières, il serait inutile de chercher à donner de l'essor à ces ateliers par des corrections. Le vice est dans la méthode, et tout établissement qui ne donne aujourd'hui que 330 livres de fer par jour doit être anéanti par la concurrence des usines voisines.

La méthode catalane n'est point exempte de vices, et cependant c'est la seule qui puisse être établie en Corse. Le minerai de l'île d'Elbe donnera des produits considérables, et quoiqu'il revienne à un assez grand prix en Corse, on serait bien compensé par celui des charbons, puisqu'ils ne coûtent que de 1 fr. 50 à 2 fr. la charge. Cette île est le seul point de la France où l'on puisse se procurer des combustibles à de semblables conditions. Je n'ai pas besoin d'exposer qu'une forge catalane donne 1400 livres de fer par jour, et par conséquent un produit quadruple de celles de la Corse. Cette méthode introduite, on fabriquerait non-seulement pour la consommation intérieure, mais on pourrait exporter au-dehors, et rivaliser avec les plus grands établissements de ce genre. On sait que les fers Corses sont de première qualité, et que l'écoulement sera toujours assuré.

Mais pour opérer cette transformation, on ne peut pas

trop l'espérer des maîtres de forges sans le concours du Gouvernement. Il est naturel de leur supposer qu'ils pensent qu'on ne travaille pas mieux autre part, puisqu'ils ne connaissent pas d'autre méthode.

Les minerais de fer oxydulé trouvés dans les communes d'Olmeta, et de Farinole approvisionneraient difficilement les forges existantes qui se trouvent toutes à l'Est. Il faudrait les embarquer près la tour de Farinole, et doubler le Cap Corse. D'après les renseignements que nous avons pris, il paraît que ce transport serait plus coûteux que celui de l'île d'Elbe ; mais comme la France trouverait des avantages considérables dans la multiplication de ces usines, il vaudrait infiniment mieux élever une forge catalane un peu au-dessus de la tour de Negro, sur le ruisseau qui vient de la commune d'Olmeta. Les combustibles y paraissent abondants et les minerais y arriveraient à vil prix.

La mine de Farinole fut essayée il y a quelques années à l'ancienne forge de Murato. Elle donna des fers excellents, et qui surpassèrent toute attente ; seulement le produit fut moins grand qu'avec celui de l'Elbe ; mais il ne faut l'attribuer qu'au mode de traitement qu'on faisait subir au minerai. En effet, ce minerai plus riche que celui d'Elbe, est moins poreux. Comme on ne détruisait pas sa compacité, il en résultait que dans la première opération, il se faisait beaucoup de *coulières,* qui ne pouvaient se réduire lors de la fusion. Il eût fallu chauffer le minerai, le jeter dans l'eau pour le fendiller, et le traiter ensuite comme celui de l'Elbe.

La mine de fer indiquée à la Venzolasca, très-près des usines existantes, pourrait être d'un grand secours pour leur approvisionnement, si les recherches qu'on ferait répondaient aux indices de la superficie. L'abondance des combustibles de l'île a fixé plus d'une fois l'attention du gouvernement. On avait proposé, il y a quelques années, d'élever une fonderie pour la marine. On avait visité les emplacements de Murato, et vers le golfe de Porto. Nous ferons remarquer que l'un et l'autre nous paraissent très-propres à ces projets, puisque les mines d'Olmeta et de Farinole pourraient y arriver facilement.

La forge de Murato est convertie momentanément en pressoir à huile ; un peu plus bas, on trouve les restes d'un haut fourneau construit il y a près de 40 ans ; les emplacements ne laissent rien à désirer, ni pour les chutes d'eau, ni pour l'abondance des bois.

Nous recommandons à la sollicitude du Gouvernement la transformation des forges corses, comme utile à ce pays et au continent. C'est le seul moyen d'utiliser des bois, et de nous créer de nouvelles ressources.

III.

SALINES

On fit, il y a près de 50 ans, un essai vis-à-vis St-Florent, de l'autre côté du golfe, pour retirer le muriate de soude des eaux de la mer. On n'y trouve actuellement qu'un très-petit réservoir muraillé, dans lequel, dit-on, on portait les eaux salées. Il paraît que l'expérience ne fut pas heureuse, et on en attribue la cause à la grosse mer qui vint se jeter dans l'atelier d'épreuve. Quoiqu'il en soit, les environs de St-Florent offrent de belles localités pour l'établissement de salines; mais leur érection n'a aucun rapport avec l'assainissement de la plaine. Des ateliers de ce genre auraient toujours l'inconvénient de se trouver dans un pays malsain pendant 4 à 6 mois de l'année, et qui est, pour ainsi dire, désert pendant le temps critique des fièvres.

On croit aussi que les Romains avaient établi des salines dans la plaine d'Aleria, près la ville de ce nom, et dont il ne reste plus que quelques traces. Cette localité, préférable à celle de St-Florent, offre sous le rapport de l'insalubrité les mêmes inconvénients.

Le plus bel emplacement pour une salinerie se trouve à la pointe du golfe de Portovecchio. M. J. P. Roccaserra y fonda ses ateliers en 1795, en vertu d'un acte du gouvernement, et cet établissement, presque inconnu, n'a point cessé de travailler depuis son érection. Il se compose de deux salines ; la plus considérable, au midi de Portovecchio, s''appelle *Pruniccia* et *Pineta*. La plus petite est au Nord-Nord-Est du même bourg, et est connue sous le nom de *Lagoniello*.

Les eaux du golfe se rendent par l'effet de la marée dans un premier réservoir longitudinal. On y a établi des vannes pour y introduire les eaux lors de la marée montante, et pour les retenir lors de la marée descendante. Cette marée, souvent nulle, s'élève quelquefois jusqu'à la hauteur de 3 pieds. Les eaux du bassin longitudinal se distribuent dans les premiers réservoirs, puis successivement dans les 2e et 3e, et au fur et à mesure d'évaporation spontanée, c'est dans la série des 3es réservoirs où se fait le sel.

Ces salines occupent une étendue de terrain considérable. *Pruniccia* et *Pineta* est composée de 111 réservoirs ou *caselles*, et *Lagoniello* de 11 seulement. Ces *caselles* ont 60 mètres de chaque côté, sous une figure carrée ou losange.

Ces salines occupent de 11 à 12 ouvriers ; la plupart sont étrangers et viennent de Lucques ou du Piémont.

On ouvre la campagne dans le mois de Mars ; on nettoie les *caselles*, on bat la terre quand elle n'est pas ferme. On introduit les eaux de la mer vers le 15 avril, et la dernière récolte de sel se fait en septembre, et quelquefois en octobre. La série des troisièmes réservoirs donne souvent trois récoltes de sel. La première est la plus blanche ; la deuxième la meilleure pour les usages domestiques, et la dernière est la moins estimée. On les mélange quelquefois pour n'avoir qu'une seule qualité. On retire le sel dans les magasins, et quand on en regorge, on le laisse entassé sur de grandes aires. Ces salines peuvent, dans l'état, fournir de 20 à 24 mille quintaux usuels de sel par an. On estime

que la consommation en Corse peut s'élever à 30,000 quintaux.

Le pays de Portovecchio est aussi malsain que ceux
d'Aleria et de St-Florent ; mais le premier peut facilement
être assaini. Son insalubrité provient des eaux du torrent de
Bonifacino, qui ne pouvant librement s'écouler dans la
mer, croupissent dans la plaine, et rendent l'air très-mal-
sain. Avec une modique somme de 10,000 francs, on pourrait
relever le lit du Bonifacino, et rendre son cours libre et indé-
pendant des vagues qui le font refluer et verser dans les
terres. — La plaine de Portovecchio assainie, les salines
seraient susceptibles du plus grand développement. Elles se
trouvent dans la plus belle position qu'on puisse supposer,
à la pointe d'un golfe magnifique, et qui peut facilement
distribuer les produits sur tous les points de l'île. Avec peu
de dépense, on peut doubler et tripler le nombre des réservoirs ou *caselles* sur le sol même de M. Roccaserra ; il y a
fort peu de chose à faire, et la nature semble avoir préparé
tous les matériaux.

Malgré les avantages de cette position unique, les salines
de Portovecchio peuvent à peine se soutenir. L'insalubrité
de l'air rend la main d'œuvre fort chère, et encore on ne
peut se procurer que de mauvais ouvriers.

Appelé pour proposer toutes les vues d'amélioration sur
la minéralogie de la Corse, je viens recommander les salines
de Portovecchio, et l'assainissement de la plaine, d'une
manière toute particulière. Ces ateliers appartiennent à la
première famille de Portovecchio, qui ferait encore de généreux efforts, si elle obtenait quelques marques de bienveil-
lance du gouvernement.

Je ne pense pas qu'on doive rétablir les salines d'Aleria,
ou en élever à St-Florent ; il faudrait dépenser des sommes
considérables, et on vient de voir qu'avec peu de chose, les

salines de Portovecchio peuvent non-seulement fournir à
tous les besoins de l'île, mais encore exporter une portion
des produits. Les 10,000 fr. pour l'assainissement de la
plaine pourraient être prélevés sur les droits du sel de M.
Roccaserra ; mais pour que ce propriétaire ne fît point le
monopole de ses produits, il conviendrait de fixer un prix,
et lui imposer la condition d'en fabriquer suffisamment pour
la consommation de l'Ile. Il accepterait avec empressement
ces charges, pourvu que l'Etat ne permette point l'entrée
d'autres sels, et qu'on lui accorde, s'il y a possibilité, une
vingtaine de forçats pour donner à ses ateliers toute l'exten-
sion précitée.

IV.

EAUX MINÉRALES ET THERMALES

EAUX MINÉRALES D'OREZZA. — Les eaux minérales les plus renommées de la Corse sont celles d'Orezza, près du village de Stazzona, sur la rive droite de Fiumalto. Elles sont très-abondantes et très-agréables à boire. Elles ont le piquant du vin de Champagne ; quoique très-limpides en apparence, elles déposent une grande quantité d'oxyde de fer. Elles contiennent beaucoup d'acide carbonique, qui s'échappe en partie dans le bassin qui les reçoit.

Les eaux acidules d'Orezza sont rafraîchissantes, diurétiques, apéritives et stomachiques. On les ordonne pour les obstructions des viscères, dans les dérangements de la bile, dans les maladies des reins et de la vessie, dans les affections hypocondriaques et nerveuses, pour les coliques bilieuses et invétérées, pour les cours de ventre dyssentériques, etc. Le pays d'Orezza offre beaucoup de ressources, aussi est-il très-fréquenté à l'époque des eaux.

EAUX THERMALES DE BARACI. — Les eaux thermales de Baraci se trouvent dans la plaine de *Valinco*, sur la rive gauche du torrent qui la traverse. Elles sourdent vers une petite maisonnette, dans un trou irrégulier et bourbeux.

Nous avons trouvé que leur degré de chaleur était de 32° 1/2 Réaumur. C'est dans ce misérable trou qu'on vient prendre les bains, et au milieu de la transpiration on se réfugie sous une tente de feuillage. Malgré le peu de ressources que cette localité offre, et les dangers auxquels on est exposé en sortant des bains, ces eaux ont fait des prodiges dans toutes les maladies rhumatismales et cutanées.

Qu'il me soit permis ici d'appeler l'attention et la sollicitude du Gouvernement. Le peuple Corse, ne se nourrissant qu'avec des viandes salées, est atteint dans toutes les parties de l'île par des maladies cutanées. Ces maladies sont entretenues par les habits de laine que l'on porte dans toutes les saisons, à tel point que le tiers au moins de la population est toujours galeuse. Les eaux de Baraci, et en général toutes les eaux thermales de la Corse, ont la grande vertu de guérir ces gales dans moins de 10 à 12 jours. On devrait donc rendre ces bains un peu plus commodes et surtout moins dangereux. Il en coûterait fort peu, et on donnerait la santé et le bien-être à un grand nombre de familles.

A Baraci, il faudrait faire un petit réservoir muraillé sur les côtés et pavé au fond, en l'enfermant ensuite dans une petite chaumière, et bâtissant une maison pour y recevoir les malades. Ces eaux seraient très-fréquentées, puisqu'elles n'offriraient plus que des avantages positifs.

EAUX THERMALES DE TALLANO. — Les eaux thermales de Tallano sont sur la rive gauche du *Fiumicicoli*, au bord du torrent. Elles sourdent dans un bassin en maçonnerie qui a 6^m de longueur, 2^m de large et 0^m 66 à 1^m de profondeur.

Ce bassin n'est point couvert, et, comme à Baraci, les malades se retirent sous des tentes de feuillage, après avoir passé 1 heure dans ces eaux thermales. Il n'y a ni maison, ni baraque, ni moyen de se procurer des provisions. Il faut

emporter tout ce qui peut être nécessaire. Ces eaux ont 31°
Réaumur. Elles laissent dégager comme les précédentes
beaucoup d'hydrogène sulfuré.

EAUX THERMALES DE FIUMORBO OU DE PIETRAPOLA. — La célé-
brité des bains de Fiumorbo rémonte au temps des Romains ;
il paraît qu'ils ont été fondés par la colonie de Sylla, pendant qu'elle était à Aleria. Autant qu'on peut en juger par
les restes, il semble qu'il n'y a jamais eu de vastes établissements sous ce peuple conquérant ; mais tout au moins on y
était bien plus convenablement qu'aujourd'hui.

Ces eaux thermales se trouvent dans un petit vallon, à
2^h de la mer, et entouré de montagnes de tous côtés. Aussi
la circulation s'y fait difficilement, et l'atmosphère est
toujours lourde et pesante au milieu de la journée. Les mati-
nées et soirées y sont fraîches. Ainsi nous avons trouvé à 4^h
du matin le thermomètre à 9° 3/4, à 18° vers les 9^h, et
montant jusqu'à 26° sous notre tente au milieu du jour. Les
eaux sortent d'un rocher granitique par plusieurs ouvertures
et fissures, sur la rive gauche du torrent *Abbatesco*. Dans les
sources principales, on trouve une température de 45° ; elle
n'est point constante. Les eaux s'élèvent quelquefois jusqu'à
47° pour venir ensuite à 42°.

Il y a quelques sources plus tempérées dans le voisinage
des précédentes, dont le degré varie entre 26° et 36°.

Ces diverses eaux thermales n'occupent qu'un très-petit
espace sur le chemin même. A cinquante pas plus en avant,
la gorge s'élargit et présente assez de surface pour y placer
les tentes de tous les voyageurs. Elles sont souvent au nombre de 100, et l'ensemble forme une espèce de village qui
offre quelque chose de très-pittoresque, au milieu des makis
de tous côtés.

C'est dans ce village, en quelque sorte portatif, que logent tous les malades qui vont chercher leur guérison dans les eaux thermales de Pietrapola.

Ces bains ne conservent plus rien de l'éclat des maîtres du monde. Dans un misérable réservoir en maçonnerie, couvert de branches de makis, se rendent les malades de toute espèce. La place est au premier occupant. La température est de 42° dans ce bassin, et dès l'instant que le malade ne peut plus supporter la chaleur, il sort, s'enveloppe de son manteau, et se retire sous sa tente, en traversant à jambes nues une atmosphère inférieure en température. On ne respecte à Pietrapola que les heures désignées pour chaque sexe. En un mot, on se croit transporté dans ces pays sauvages qu'habitèrent les premiers hommes, et il est difficile de se défendre de cette illusion. Point de médecine ni de police ; point d'égards ni de politesse, soit pour l'âge, soit pour les infirmités. Le bassin contient souvent 20 personnes couvertes de rhumatismes, de gale, d'ulcères, de dartres, de blessures, etc. Ce genre de spectacle offre peu de décence, et il n'y a que l'urgence qui peut déterminer cette confusion.

Et malgré les inconvénients majeurs, les eaux de Fiumorbo opèrent des miracles. On y vient de toutes parts, et on a la presque certitude de recouvrer ou la santé, ou l'usage de ses membres. Le village le plus rapproché, celui de Prunelli, se trouve à 1h 1/2 des eaux thermales ; aussi les voyageurs y arrivent-ils avec un ménage ambulant. Il serait bien facile de prévenir tous ces désagréments et de rendre ces bains plus fréquentés. Il faudrait y faire de simples bâtiments, et y établir divers réservoirs pour chaque sexe, et autant que possible pour chaque classe de malades. On peut présumer alors qu'on bâtirait des logements pour y recevoir des malades, ainsi qu'on le fait en manière de spéculation sur tous les points où les eaux ont des propriétés si efficaces.

Les eaux thermales de Pietrapola sont apéritives, incisives et sudorifiques, résolutives, détersives et vulnéraires ; on les emploie en boisson, en bains et en douches. Elles laissent échapper beaucoup de gaz hydrogène sulfuré, lorsqu'elles tombent dans le bassin.

EAUX THERMALES DE GUAGNO OU DE VICO. — Les eaux thermales de Guagno, près de Vico, sont hydro-sulfureuses, comme celles de Fiumorbo ; elles sont employées pour les mêmes usages. Leur température est de 42º 1/2 Réaumur. Elles sont moins connues et moins fréquentées que les autres, parce qu'elles sont d'un accès difficile, et peu à la portée d'un grand nombre de pays. Ces bains sont très-commodes. Les eaux sont reçues sous un bâtiment à trois compartiments, renfermant trois grands réservoirs à gradins, en moellons de granit. Le premier est réservé aux militaires, et les deux autres à chaque sexe. Près de là on trouve beaucoup de baraques où l'on peut se loger et trouver de petites hôtelleries. Sous ces divers rapports, ils sont bien préférables à ceux de Pietrapola.

On remplit le bassin ; les eaux indiquent 41º ; on laisse refroidir pendant 5 heures, et elles ne marquent plus que 32º ; c'est alors que l'on entre dans le bain pour y rester pendant 1ʰ. Les malades en prennent ordinairement deux par jour, ce qui exige qu'on renouvelle les eaux deux fois dans les 24 heures. Je pense que le mode de prendre les eaux à Guagno ne vaut pas celui du Fiumorbo. Rester deux heures par jour dans les eaux thermales et à deux reprises différentes, c'est beaucoup trop ; un seul bain devrait suffire.

D'un autre côté, l'efficacité des eaux thermales tient non-seulement à leur composition chimique, mais encore à leur température. Ainsi en laissant revenir les eaux à 32º, on en diminue l'effet, tout au moins pour un grand nombre de maladies.

Comme au Fiumorbo, il y a des eaux moins chaudes, sur une source qui varie de 30° à 32°. On a fait un petit bâtiment fort propre où l'on prend commodément des bains. Cet établissement se trouve à une portée de fusil du premier, et il est destiné pour les maladies d'yeux.

V.

TUILERIES, POTERIES ET VERRERIES

La Corse renferme peu d'établissements de tuileries ; on en trouve quelques-uns dans les environs des villes, notamment près de Bastia. Cette fabrication n'offre rien de particulier.

On emploie les argiles détritées des terrains intermédiaires; on les pétrit, on les moule, puis on les fait cuire dans des fourneaux ordinaires, après la dessiccation. On emploie pour la cuisson des fagots de makis.

Les poteries sont encore plus rares dans cette île. On n'y fabrique qu'une espèce de grès très-grossier avec les argiles des terrrains intermédiaires. Comme ces argiles sont très-grosses, et qu'elles éprouvent un trop grand retrait dans la cuisson, on y ajoute, autant que possible, de l'amianthe pour en lier les parties. Ces grès résistent bien au feu, et pour tout ce qui tient aux usages domestiques.

Ces vases n'ont que des formes grotesques. Dans leur confection on n'emploie ni moules, ni tour. Ce travail est ordinairement réservé à des femmes. La poterie ordinaire, la faïence, la terre de pipe et la terre d'Angleterre sont tirées du continent. Il est assez extraordinaire de n'avoir pas trouvé un seul atelier dans ce genre, et sûrement il ne faut point l'attribuer ni au défaut des argiles, ni au manque de combustible.

Les fontes moulées, qui sont d'un usage universel dans tous les pays, à cause de leur vil prix et de leurs usages étendus, sont très-rares en Corse. On ne saurait trop recommander l'usage de ces vases domestiques qui conviennent à toutes les conditions. Parmi les établissements les plus utiles, nous devons encore placer les verreries. L'abondance des combustibles et la facilité de l'exportation doivent en assurer le succès. Ce n'est que par le résultat d'une mauvaise combinaison que celle qui fut élevée à Bastia, il y a quelques années, n'a pu se soutenir. Il était facile d'en prévoir la ruine, car elle était à une trop grande distance du bois et de toutes les autres matières premières. De nouveaux ateliers placés convenablement pourront toujours en Corse rivaliser avec ceux du continent.

VI.

FOURS A CHAUX

Les environs de St-Florent renferment un grand nombre de fours à chaux, pour le service de l'Ouest de la Corse. Ces fours sont tous semblables et ne présentent aucune différence, même dans leurs dimensions. Ils sont cylindriques ; le diamètre dans œuvre est de 3^m 3 ; la hauteur 4^m 3. On fait une voûte dans le bas avec la pierre à chaux, et on remplit ensuite tout le vide avec la même substance. On chauffe avec des fagots de makis sous la voûte pendant 5 à 6 jours, et quand l'opération est finie, on arrête le feu pour retirer la chaux, et recommencer une nouvelle opération.

Les autres fours de l'île sont construits de la même manière et conduits d'après les mêmes principes.

La consommation de la chaux en Corse n'est pas très-considérable. Dans tout le pays primitif, on construit les maisons avec des moellons de granit, et on garnit les joints avec de la terre glaise. Ce genre de construction, dicté par les circonstances locales, est très-solide, mais aussi très-dispendieux.

VII.

EXPLOITATION DES MAKIS

SALINS. — POTASSES

J'avais à peine parcouru une petite portion de l'île, que je fus frappé de l'abondance des makis. Je portai de suite une attention toute particulière sur ces taillis qui ont jusqu'à ce jour effrayé l'autorité comme étant le refuge des bandits ou contumaces. Je suis étonné que personne n'ait vu dans l'exploitation de ces bois, le moyen de civiliser la Corse, de contribuer à faciliter les progrès de l'agriculture, d'augmenter la masse du numéraire et d'ouvrir des routes et des sentiers sur tous les points.

Pendant les trois premiers mois de voyage, je cherchai à déterminer les points principaux où l'on pourrait établir des exploitations ; mais plus tard je reconnus qu'il vaudrait mieux assigner les localités qui étaient étrangères à ces ressources, attendu qu'elles étaient infiniment moins nombreuses. Nous avons déjà fait connaître que par une appréciation aussi rigoureuse qu'on peut le désirer, le terrain occupé par les makis s'élevait aux trois quarts de la surface de l'île, et de plus, dans quelques pays où ces makis manquent, on y trouve la fougère en grande abondance. Cette plante croît particulièrement sous les châtaigniers. Les tiges sont très-rapprochées, et leur hauteur est ordinairement de 4 à 8 pieds. On a l'habitude de la faucher lors de la récolte des châtaignes ; mais les débris restent sur place. On devrait les employer comme litière et brûler la superficie pour en recueillir les cendres pour la fabrication de la potasse. Cette plante existe aussi en abondance dans un grand nombre de makis ; elle peut être exploitée avec eux. On sait que les cendres qui proviennent de sa combustion sont très-riches en alcali. Ainsi partout on peut fabriquer du *salin* pour l'usage du continent, et faire cesser le tribut qu'exercent sur la France, l'Italie et l'Amérique.

Ce genre d'industrie est susceptible du plus grand développement. Son introduction est la plus belle amélioration que l'on puisse proposer en faveur de l'île de Corse. Elle se rattache à la politique, à la civilisation et au bien-être de ses habitants. Elle doit prendre le plus grand essor, parce qu'elle est entièrement populaire. Chaque individu peut couper des makis, recueillir les cendres et les laver. Chaque famille peut augmenter son aisance par l'exportation d'un produit indispensable sur le continent ; et chaque cultivateur doit trouver dans les résidus de la lixivation le plus puissant de tous les engrais.

Les makis se renouvellent assez vite, et cette étendue de terrain qui aura été exploitée donnera une nouvelle récolte de potasse dans 5 ou 6 ans. Ainsi on verra sortir des richesses immenses de ces propriétés qui ont tant occupé les esprits pour leur destruction ; ainsi on verra faire des coupes réglées dans les makis, jusqu'à ce que la population soit en rapport avec l'étendue de la surface ; seulement alors l'agriculture s'emparera de tous ces terrains pour les transformer en vignobles, et en forêts d'oliviers et de mûriers.

Les arbustes qui composent ordinairement les makis sont :
La bruyère (*erica arborea*),

L'arbousier (*arbutus unedo*),

Le ciste de Montpellier (*cistus monspeliensis*),

Le lentisque (*pistacia lentiscus*),

Le myrthe (*myrtus communis*).

Ces divers arbustes ont ordinairement 7 à 8 pieds de haut. Les cendres provenant de la combustion m'ont donné sur 100 parties, 17 1/2 salin, et 82 1/2 résidu insoluble.

Les makis et la fougère ne sont pas en ce genre les seules ressources de la Corse. Cette île renferme des forêts royales, communales et particulières, de toute essence de haute futaie. Ces forêts, quand elles ne peuvent pas être exploitées pour le service de la marine, sont de peu de valeur. Aussi les arbres tombent de vétusté, et s'opposent par là à la croissance des jeunes plantes. D'un autre côté, les bergers incendient souvent des petites portions de forêts, qui étant alors accessibles aux rayons solaires, forment des pacages de quelque valeur. Enfin dans les forêts exploitées par la marine, tous les débris et les pièces non exploitables et de rebut sont en pure perte et préjudiciables à la végétation. Ces bois inutiles sont encore autant de ressources à joindre à celles que l'on a fait connaître, et conduisent à des résultats qui surpassent toute attente. Cependant, comme on n'apprécie les choses que par comparaison ou par calcul, j'indiquerai que le résultat minimum que la Corse peut fournir en potasse peut s'élever à 30 mille quintaux par an, ayant une valeur de 1,500,000 fr. Le maximum ne connaît de limites que celles prescrites par les besoins du commerce. J'ai été conduit à ces calculs en comparant les bois de la Corse à ceux de quelques communes d'autres départements, dont les produits m'étaient connus en potasse ou salin. L'art de fabriquer la potasse est fort simple, et, quoique bien connu, je crois devoir en donner une description détaillée pour que chaque habitant puisse conduire son exploitation avec succès.

On commence par couper les makis, les fougères, etc. dans les temps prescrits ; lorsque ces végétaux sont secs, on fait dans la terre de petites fosses, on approche les bois et on les brûle dans ces cavités à l'effet d'y réunir les cendres. On enlève ce premier produit, on le transporte dans un magasin, et on a soin d'humecter très-légèrement ces cendres à l'effet de développer l'alcali ; il faut avoir également la précaution de les placer dans des lieux un peu humides afin d'obtenir un produit plus considérable. J'ai de plus remarqué que la vétusté dans les cendres développe plus de salin. Ainsi il convient de ne les lessiver qu'au bout de six mois, si on le peut.

L'opération de la lixivation est fort simple, et surtout fort économique, quand le combustible ne coûte rien. Comme ces ateliers doivent être en quelque sorte portatifs, je vais consigner les détails pour la conduite d'un atelier composé de deux chaudières qui fourniraient 125 livres de salin par jour.

Ces chaudières sont en gueuse ; leur diamètre est de 2 pieds, leur hauteur de 13 à 14 pouces et leur poids de 80 kg. environ. Il faut les placer sur deux petits fourneaux dans le voisinage de l'eau nécessaire à la lixivation. Comme l'opération du chauffage ne coûte rien, et qu'elle produit même des cendres pour les salins, on peut, à la rigueur, ne faire que des fourneaux informes, sans grille et à pierre sèche avec argile.

Quatre cuviers, du volume de 2 1/2 à 3 hectolitres, sont placés vis-à-vis les chaudières. On y met des broches en bois au niveau du fond pour l'écoulement des eaux ; mais pour qu'elles filtrent claires et promptement, on place un double fond séparé du premier par deux liteaux d'un pouce d'épaisseur. On garnit tout autour avec un peu de paille ou de foin, et on remplit le cuvier de cendres qu'on a soin de presser un peu. On pratique dans les cendres, à la surface supérieure, une espèce de creux pour y verser les eaux.

Dans cet état, on remplit la chaudière d'eaux de lavage provenant d'une opération précédente. Quand elles sont au bouillon, on les verse sur deux cuviers par portions et au fur et à mesure qu'elles s'imbibent dans les cendres. Au bout de deux heures environ, les eaux arrivent au fond du cuvier et sont reçues dans des petits baquets placés au-dessous. Elles marquent ordinairement de 18° à 30° suivant leur degré de richesse. Dès cet instant, on remplit entièrement les deux cuviers d'eau bouillante, on vide une chaudière pour y placer les eaux des baquets pour les évaporer, puis on travaille les deux autres cuviers avec les eaux du lavage de la deuxième chaudière. Aussitôt que cette opération est finie, on met les eaux salées dans les deux chaudières au fur et à mesure que les cuviers en fournissent.

On continue la lixivation avec des eaux froides, en ayant soin de n'en jamais laisser manquer. Lorsque les eaux qui filtrent n'ont plus que 6°, on les conserve pour la lixivation du lendemain, et on les désigne sous le nom d'eaux de lavage ou *rinçons*. Les cuviers sont considérés comme épuisés quand ils ne fournissent plus que des eaux à 1/4 de degré. On enlève alors les résidus insolubles, on remplit de nouveau les cuviers avec des cendres neuves pour une nouvelle opération.

Pendant ces manipulations, les deux chaudières évaporent, et quand leurs eaux réunies ne doivent plus occuper que les 2/3 du volume d'une chaudière, on les mêle, et on met des eaux de lavage dans celle que l'on a vidée, pour lessiver les cendres des cuviers, ainsi qu'il a été indiqué.

Dès que la chaudière des bonnes eaux s'avance, on brosse la matière avec une *racloire* tranchante en acier ; lorsqu'elle a acquis la consistance du mortier à bâtir, on la retire avec une poche en fer, on la place sur des meules en bois ou en tôle, et quand elle est refroidie, on l'emballe dans des tonneaux.

Cette substance noirâtre est le salin. Comme elle attire promptement l'humidité de l'air, il faut la placer dans de bons tonneaux. On en obtient ordinairement 125 livres par jour avec deux chaudières et quatre cuviers conduits par un homme et un enfant. Quand on emploie quatre chaudières et huit cuviers, deux hommes conduisent ces opérations.

Le salin ne devient marchand qu'à l'état de potasse. Pour faire cette opération, on construit un petit fourneau à réverbère ayant 4 pieds de large sur 5 de longueur, y compris la chauffe. On y met le feu, on y place 170 livres de salin, et on a soin de le brosser par intervalle avec des *spadelles* en fer. Quand tout le carbone est brûlé, lorsque le salin est parfaitement blanc, on le retire, et on le désigne sous le nom de *potasse*. On recharge le fourneau avec du salin, et on continue ainsi jusqu'à ce qu'il soit épuisé. On en passe ordinairement de 11 à 12 quintaux par 24 heures.

Lorsque le salin est bien cuit et qu'il n'est pas fraudé, il en faut 117 pour 100 de potasse.

J'avais indiqué que ces établissements étaient à la portée de tout le monde. En effet, l'achat de deux chaudières, de quatre cuviers, et la construction du fourneau à réverbère ne coûtent que 200 fr. Chaque propriétaire peut retirer ses cendres chez lui et lessiver dans sa propriété. Tout individu peut donc devenir fabricant de salin ou de potasse, et trouver plus de produits dans un makis qu'il n'a jamais pu l'espérer.

Ces résultats et ces vérités ont été appréciés par un grand nombre de Corses. Quoique mon adjoint ait reçu à cet égard les détails les plus circonstanciés, et qu'il soit en état de monter les ateliers de salin, je pense qu'il serait convenable que le Gouvernement fît la dépense d'envoyer pendant 4 mois un ouvrier du continent pour faire connaître les mêmes détails, qu'on ne peut consigner dans un rapport.

Je m'empresse de publier que le général Casalta, à Cervione, et les frères Tavera, riches négociants à Sartene, commenceront cette exploitation en grand, si la proposition que je fais est accueillie.

VIII.

AGRICULTURE

Nous ne comptons point ici embrasser l'agriculture dans toute son étendue. Cette tâche n'est point dans la nature des attributions d'un ingénieur, et moins encore dans la sphère de ses connaissances. Mais tout voyageur aurait fait les mêmes observations, et, comme nous, il aurait été surpris de trouver le domaine de Cérès si peu varié en produits. La Corse, placée sous un beau ciel, est susceptible de toutes les cultures des pays du Midi. Celles de la vigne, de l'olivier, de l'oranger, du citronnier y sont connues depuis longtemps, et des essais sur le tabac, l'indigo, la canne à sucre, le coton, la soie, etc., font concevoir les plus douces espérances.

Ces productions éprouveront encore des retards occasionnés par le manque de bras. C'est à la force de la population que l'on doit les progrès de l'agriculture, et cette population est bien au-dessous de la surface que présente l'île. Dans l'état des choses, 1/27 du terrain est mis en culture, les 26/27es restants sont occupés par les makis, les bois de haute futaie et les rocs nus.

Les produits du sol peuvent être divisés en deux grandes classes : ceux que l'on obtient avec de longs travaux, et ceux qui proviennent immédiatement à la suite de manipulations journalières. On ne peut attendre les premiers que par le concours des gens riches, ou lorsque la main-d'œuvre est à bas prix. Les seconds sont un don précieux que la nature a réservé à toutes les classes. Devant plus particulièrement m'occuper des choses qui intéressent la masse de la population, je me bornerai à donner quelques détails sur les améliorations qu'on peut faire subir à cette dernière série de produits.

On connaît fort peu la culture des prés en Corse, et de là résulte que tous les bestiaux sont constamment dans les makis, exposés aux injures de toutes les intempéries des saisons. Les races sont très-petites ; elles s'abâtardissent à tel point qu'elles sont presque méconnaissables. Cependant toute la partie de l'Est offre des plaines et des vallons d'une étendue considérable qui produiraient des fourrages à l'infini. L'occident de l'île présente moins de ressources ; mais il n'est point étranger à la culture des prairies.

On a obtenu jusqu'ici peu de succès dans cette culture. Elle a été contrariée par le climat du pays, qui dévore en quelque sorte la plante au fur et à mesure qu'elle naît ; mais cet inconvénient n'existe que dans les pays éloignés du foyer des lumières. L'irrigation, dont les résultats sont appréciés à leur juste valeur, n'est point en usage dans l'île, et cependant ces plaines et ces vallons sont sillonnés par des torrents et des ruisseaux qui tarissent rarement. Presque partout on peut les dévier et les conduire sur les propriétés, pour les arroser en temps opportun. La France offre des milliers d'exemples où le terrain restait inculte avant que l'irrigation fût connue, et aujourd'hui ce même terrain produit trois récoltes par an. Dès l'instant que l'on aurait des fourrages sur tous les points, on les ferait consommer par les bestiaux, et on se procurerait des engrais pour la culture des plantes céréales, du chanvre et des pommes de terre. Il est difficile de se faire une idée de tous les avantages qu'on pourrait retirer de ces observations, quand on ne connaît pas l'ensemble de l'île. Presque partout on y rencontre la fougère en abondance, et on n'en tire aucun parti. Elle peut être coupée pour la litière, et concourir à la formation des engrais en quantité incalculable.

Les résidus de la lixivation des cendres viennent encore augmenter les richesses agricoles. On en connaît les effets dans plusieurs provinces ; mais ils n'ont point été mieux suivis que dans le département de l'Isère : depuis plus de 20 ans, ils sont employés avec le plus grand succès ; et dans un sol qui ne présentait qu'un pacage à cette époque, on y fait trois coupes de sainfoin ou quatre de luzerne. Ces merveilleux engrais ont encore un avantage sur les autres, surtout dans les prairies : ils ne doivent être renouvelés que tous les 6 ou 7 ans.

Leur effet sur le sol n'est point instantané. Lorsqu'on les étend sur les prairies à l'automne, la récolte de foin ne s'en ressent nullement. Ce n'est qu'à la deuxième coupe qu'on voit les résultats de cet engrais peu connu.

L'agriculture actuelle se réduit à fort peu de chose ; point ou peu de fourrages ; la pomme de terre est à peine connue, et semble n'être encore que la nourriture de l'extrème indigence. La culture des plantes céréales est encore dans son enfance. On abat les makis, on y met le feu, et ce résultat de la combustion donne des cendres riches en potasse qui se trouvent naturellement étendues sur la superficie du sol. Mais ce sol renferme peu de terre végétale, et beaucoup de gros débris des montagnes environnantes, en sorte que la plupart du temps on ne peut labourer que très-imparfaitement. Il y a donc des engrais et des semences qui sont en pure perte. Cette culture présente beaucoup de travail et peu de produits. Tel makis qui est cultivé aujourd'hui donne deux récoltes, et puis il redevient makis. On sent que ce mode ne tend point au défrichement ni à la civilisation. D'ailleurs il est bien reconnu qu'il vaut mieux cultiver avec soin une petite étendue de terrain que de vastes domaines. L'application de ce principe en Corse aurait encore l'avantage de créer des propriétés qui ne reviendraient plus makis et qui augmenteraient sans cesse de valeur. Les Corses n'auraient plus à craindre alors de disette ou de famine. Leurs petites propriétés devenues très-fertiles leur assureraient toutes les provisions du ménage ; et les produits recherchés par les pays du Nord leur serviraient pour accroître leur numéraire. Enfin la manutention serait moins dispendieuse et les produits plus abondants et plus variés.

Ce changement total de l'agriculture n'a rien de systématique. C'est le résultat de l'observation de ce qui se pratique ailleurs depuis des années et avec les plus heureux succès. Il ne peut occasionner des dépenses, même dans son principe. Il est à la portée de tout le monde, et je le recommande particulièrement à ces officiers retirés qui goûtent dans leurs foyers les charmes de la vie champêtre.

Ils ont appris dans leurs voyages que les productions du sol ne connaissent pas de bornes quand on a suffisamment d'engrais.

J'ai tracé à la hâte l'esquisse d'un travail qui exigerait des volumes ; mais les changements que je propose sont si simples, et les résultats si certains, qu'il serait inutile de s'étendre davantage sur cet objet.

GUEYMARD,

INGÉNIEUR DES MINES.

TABLE ANALYTIQUE DES MATIÈRES

— 156 —

II. — Forges.

BULLETIN

DE LA

SOCIÉTÉ DES SCIENCES HISTORIQUES & NATURELLES DE LA CORSE

PRIX DU BULLETIN :

Pour les membres de la Société, un an. . . . **10** fr.

ABONNEMENTS :

Pour la Corse et la France, un an . . . . **12** fr.

Pour les pays étrangers compris dans l'union
postale, un an. . . . . **13** fr.

Pour les pays étrangers non compris dans
l'union postale, un an . . . . **15** fr.

NOTA. — Tout abonnement est payable d'avance, et se prend à l'année,
du mois de janvier au mois de décembre.

S'adresser pour les abonnements à M. CAMPOCASSO, Trésorier de la Société, ou à la librairie OLLAGNIER, à Bastia.

Prix du fascicule : **3** francs